河津市
耕地地力评价与利用

杨 轩 主编

中国农业出版社
北 京

本书是对山西省河津市耕地地力调查与评价成果的集中反映。是在充分应用"3S"技术进行耕地地力调查并应用模糊数学方法进行成果评价的基础上,首次对河津市耕地资源历史、现状及问题进行了分析、探讨,并应用大量调查分析数据对河津市耕地地力、中低产田地力、耕地环境质量和果园状况等做了深入细致的分析。该书揭示了河津市耕地资源的本质及目前存在的问题,提出了耕地资源合理改良利用意见,为各级农业科技工作者、各级农业决策者制订农业发展规划,调整农业产业结构,加快绿色、无公害农产品基地建设步伐,保证粮食生产安全,科学施肥,退耕还林还草,进行节水农业、生态农业以及农业现代化、信息化建设提供了科学依据。

本书共七章。第一章:自然与农业生产概况;第二章:耕地地力调查与质量评价的内容和方法;第三章:耕地土壤属性;第四章:耕地地力评价;第五章:中低产田类型、分布及改良利用;第六章:芦笋土壤质量及培肥对策;第七章:耕地地力调查与质量评价的应用研究。

本书适宜土肥科技工作者以及从事农业技术推广与农业生产管理的人员阅读。

编写人员名单

主　　编：杨　轩

副 主 编：陶国树　吕俊康

编写人员（按姓氏笔画排序）：

卫斌鹏	兰晓庆	吕俊康	师学谦	刘志强
关建世	严银锁	杜文波	李凯斌	李荣贵
杨　轩	吴红斌	张　栋	张君伟	张俊效
张晓龙	陈效庚	周　娟	房江龙	孟晓民
赵建明	赵耀伟	高　飞	陶国树	曹建明
翟伟正				

序

　　农业是国民经济的基础，农业发展是国计民生的大事。为适应我国农业发展的需要，确保粮食安全和增强我国农产品竞争的能力，促进农业结构战略性调整和优质、高产、高效、生态农业的发展，针对当前我国耕地土壤存在的突出问题，2009年在农业部精心组织和部署下，河津市被确定为农业部测土配方施肥补贴项目县之一，根据《全国测土配方施肥技术规范》积极开展测土配方施肥工作，同时认真实施耕地地力调查与评价。在山西省土壤肥料工作站、山西农业大学资源环境学院、运城市土壤肥料工作站、河津市农业局广大科技人员的共同努力下，2011年完成了河津市耕地地力调查与评价工作。通过耕地地力调查与评价工作的开展，摸清了河津市耕地地力状况，查清了影响当地农业生产持续发展的主要制约因素，建立了河津市耕地地力评价体系，提出了河津市耕地资源合理配置及耕地适宜种植、科学施肥及土壤退化修复的意见和方法，初步构建了河津市耕地资源信息管理系统。这些成果为全面提高河津市农业生产水平，实现耕地质量计算机动态监控管理，适时提供辖区内各个耕地基础管理单元土、水、肥、气、热状况及调节措施，提供了基础数据平台和管理依据。同时，也为各级农业决策者制订农业发展规划、调整农业产业结构、加快绿色食品基地建设步伐、保证粮食生产安全以及促进农业现代化建设提供了第一手资料和最直接的科学依据。也为今后大面积开展耕地地力调查与评价工作，实施耕地综合生产能力建设，发展旱作节水农业、测土配方施肥及其他农业新技术普及工作提供了技术支撑。

　　《河津市耕地地力评价与利用》一书，系统地介绍了河津市耕地资源评价的方法与内容，应用大量的调查分析资料，分析研究了河津市耕地资源的利用现状及问题，提出了合理利用的对策和建议。该书集理论指导性和实际应用性为一体，是一本值得推荐的实用技术类读物。该书的出版将对河津市耕地的培肥和保养、耕地资源的合理配置、农业结构调整及提高农业综合生产能力起到积极的促进作用。

王高勇

2018 年 1 月

前言

　　自从人类开启刀耕火种以来，耕地就是人类获取粮食及其他农产品最重要、不可替代、不可再生的资源，是人类赖以生存和发展的物质基础和最基本的生产资料，是农业发展必不可少的根本保障。新中国成立以来，山西省河津市先后开展了两次土壤普查。两次土壤普查工作的开展，为河津市国土资源的综合利用、施肥制度改革、粮食生产安全做出了重大贡献。近年来，随着农村经济体制的改革以及人口、资源、环境与经济发展矛盾的日益突出，农业种植结构、耕作制度、作物品种、产量水平，肥料、农药使用等方面均发生了巨大变化，由此也产生了诸多问题与矛盾，如耕地数量锐减、土壤退化与污染、水土流失严重等。针对这些问题，开展耕地地力评价工作是非常及时、必要和有意义的。特别是对耕地资源合理配置、农业结构调整、保证粮食生产安全、实现农业可持续发展有着非常重要的意义。

　　河津市耕地地力评价工作，于 2009 年 6 月底开始到 2012 年10 月结束，完成了河津市 2 个街道办事处、2 个镇、5 个乡，148个行政村的 31.98 万亩耕地的调查与评价任务，3 年共采集土样3 802 个，并调查访问了 300 个农户的农业生产、土壤生产性能、农田施肥水平等情况。认真填写了采样地块登记表和农户调查表，完成了 3 802 个样品常规化验、中微量元素分析化验、数据分析和收集数据的计算机录入工作。基本查清了河津市耕地地力、土壤养分、土壤障碍因素状况，划定了河津市农产品种植区域。建立了较为完善的、可操作性强的、科技含量高的河津市耕地地力评价体系，并充分应用 GIS、GPS 技术初步构筑了河津市耕地资源信息管理系统。提出了河津市耕地保护、地力培肥、耕地适宜种植、科学施肥及土壤退化修复办法等。形成了具有生产指导意义的数字化成果图。收集资料之广泛、调查数据之系统、成果内容之全面是前所未有的。这些成果为全面提高河津市农业工作的管理水平，实现耕地质量计算机动态监控管理，适时提供辖区内各个耕地基础管理单元土、水、肥、气、热状况及调节措施，提供了基础数据平台和管理依据。同时，也为各级农业决策者制订农业发展规划、调整农业产业结构、加快绿色食品基地建设步伐、保证粮食生产安全、进行耕地资源合理改良利用、科学施肥以及退耕还林还草、节水农业、生态农业、农业现代化建设提供了第一手资料和最直接的科学依据。

为了将调查与评价成果尽快应用于农业生产，我们在全面总结河津市耕地地力评价成果的基础上，引用大量成果应用实例和第二次土壤普查、土地详查有关资料，编写了《河津市耕地地力评价与利用》一书。本书首次比较全面系统地阐述了河津市耕地资源的类型、分布、地理与质量基础、利用状况、改善措施等。并将近年来农业推广工作中的大量成果资料收录其中，从而增加了该书的可读性和可操作性。

在本书编写的过程中，承蒙山西省省土壤肥料工作站、山西农业大学资源环境学院、运城市土壤肥料工作站、河津市农业委员会广大技术人员的热忱帮助和支持。特别是河津市农业委员会的工作人员在土样采集、农户调查、数据库建设等方面做了大量的工作。杨轩安排部署了本书的编写，由房江龙、李荣贵、高飞、张栋完成编写工作。参与野外调查和数据处理的工作人员有严银锁、张俊效、张相科、曹建明、吴红斌、翟伟正、李祖强、杨文霞、王国华、史瑞叶、王会霞、温俊锋、李依丰、张晓华、杜天录、胡军峰、裴瑞华、郭午英、董红捐、杨帆、柴国伟、薛志良、柴海斌等。土样分析化验工作由运城市土壤肥料测试服务中心完成；图形矢量化、土壤养分图、数据库建设和地力评价工作由山西农业大学资源环境学院和山西省土壤肥料工作站完成；野外调查、室内数据汇总、图文资料收集和文字编写工作由河津市农业委员会完成，在此一并致谢。

编　者

2018 年 1 月

目录

第一章 自然与农业生产概况

第一节 自然与农村经济概况

一、地理位置与行政区划

河津市古称耿，公元前 1525 年商祖乙曾迁都河津，公元前 661 年春秋时期，晋献公灭耿，把耿地赐给大夫赵夙为采邑。三分晋地后，邑地属魏皮氏。公元前 211 年，秦置皮氏县，公元 14 年更名延平县，东汉时复名皮氏县，446 年改为龙门县。1120 年改为河津县（因境内有黄河渡口而得名）。1949 年中华人民共和国成立，属河津专署。1958 年 12 月并入稷山县，1961 年 12 月恢复河津县。1994 年 1 月 12 日经国务院批准，撤县建市（县级市）至今。

河津市位于山西省的西南部、运城市的西北角、汾河和黄河汇流的三角地带。东迎汾水与稷山县为邻，西隔黄河与陕西省韩城市相望，南有台地与万荣县毗连，北依吕梁山与乡宁县接壤。地理坐标为北纬 $35°8'17''\sim35°17'15''$、东经 $110°32'15''\sim110°50'45''$，最高海拔 1 345 米，最低海拔 367.5 米。全市东西宽 27.5 千米，南北长 35 千米，总面积 593.1 平方千米。

河津市共辖 2 个街道办事处、2 个镇、5 个乡，148 个行政村，2011 年全市总户数 126 273 户。其中，乡村户数 72 627 户，总人口 39.67 万人，其中农业人口 28.92 万人，占总人口的 75.5%。详细情况见表 1-1。

表 1-1 河津市行政区划与人口情况

乡（镇、街道办事处）	行政村（个）	总户数（户）	总人口（人）	非农业人口（人）
城区街道办事处	20	32 361	96 384	45 138
清涧街道办事处	14	24 530	64 577	50 680
樊村镇	24	13 172	47 314	2 768
僧楼镇	24	14 746	52 676	2 185
小梁乡	17	9 833	31 237	1 412
柴家乡	12	9 458	30 481	1 146
赵家庄乡	18	8 857	32 704	1 210
下化乡	9	5 788	18 464	1 059
阳村乡	10	7 528	22 857	1 956
总计	148	126 273	396 694	107 554

二、土地资源概况

据 2006 统计资料显示，河津市国土总面积 593.1 平方千米（88.965 万亩*），海拔大于 800 米的面积 91 633.95 亩，占总面积的 10.3%；700～800 米的 33 806.7 亩，占总面积的 3.8%；600～700 米的 36 475.65 亩，占总面积的 4.1%；500～600 米的 76 509.9 亩，占总面积的 8.6%；400～500 米的 353 191.05 亩，占总面积的 39.7%；小于 400 米的 298 032.75 亩，占总面积的 33.5%。已利用土地面积 640 014.5 亩，占总面积的 71.94%。其中，耕地面积 319 822.51 亩，占已利用土地面积的 49.97%；园地 14 775.6 亩，占已利用土地面积的 2.31%，林地 32 425.1 亩，占已利用土地面积的 5.07%；牧草地 36 515.79 亩，占已利用土地面积的 5.70%；居民点及工矿用地 114 663.9 亩，占已利用土地面积的 17.92%；交通用地 20 665.2 亩，占已利用土地面积的 3.23%；水域面积 101 146.4 亩，占已利用土地面积的 15.80%。未利用土地 249 635.5 亩，占总土地面积的 28.06%。

河津市由北向南，两端高、中间低，酷似马鞍形，地形大致可分为三部分。

1. 基岩山区 市区北部，为吕梁山脉绵延部分，由东向西呈条状分布，平均海拔 600 米，面积为 120 平方千米。

2. 山前倾斜平原 呈条状分布于吕梁山前，海拔在 480～550 米，由北向南倾斜，面积为 25.1 平方千米。

3. 湖积平原区 分布于山前倾斜平原区与峨嵋岭之间，又可分为一级至三级阶地：一级阶地海拔为 370 米左右，面积 225.6 平方千米，分布在汾河两岸的城区街道办事处、柴家乡、小梁乡等地；二级阶地海拔为 375～410 米，分布于柴家乡、城区街道办事处等地，面积为 20 平方千米；三级阶地分布于柴家乡、小梁乡、赵家庄乡、僧楼镇、樊村镇和清涧街道办事处，海拔为 440～480 米，面积 182.9 平方千米。同时还有黄河阶地，海拔在 382～430 米，高出黄河 15～65 米，面积 19.4 平方千米。境内海拔最高处是僧楼镇姑射山的 1 345 米，最低处是阳村乡连伯村西河滩的 367.5 米。

河津市土壤共分褐土、潮土和风沙土三大土类，5 个亚类，13 个土属，31 个土种。三大土类中以褐土为主，面积占 75.59%；其次为潮土，面积占 20.74%；风沙土最少面积占 3.67%。在各类土壤中，宜农土壤比重大，适种性广，有利于农、林、牧业全面发展。

三、自然气候与水文地质

（一）气候

河津市属暖温带大陆性黄土高原气候，受季风和内蒙古沙漠气候的影响，一年四季分明，春季温暖干燥、夏季炎热多雨、秋季凉爽湿润、冬季寒冷多风。春季长于秋季，冬季长于夏季。特点是光照长、热量足、降水少。

---

* 亩为非法定计量单位，1 亩≈666.7 平方米。

1. 气温　年平均气温 10～15 ℃，1 月最冷，平均气温 −7～1 ℃，极端最低气温 −19.8 ℃（1971 年 1 月 31 日）；4 月平均气温在 11～18 ℃；7 月平均气温最高，一般为 23～29 ℃，极端最高气温为 42.5 ℃（1966 年 6 月 21 日）；10 月平均气温为 11～15 ℃。一日中最高气温出现在 14：00～15：00，最低气温出现在日出前后。＞0 ℃积温为 4 908.9 ℃，初日为 2 月 15 日，终日为 12 月 5 日，初终间日数为 294 天；＞10 ℃的积温为 4 342.8 ℃，初日为 4 月 5 日，终日为 10 月 26 日，初终间日数为 209 天。平均无霜期为 205 天，初霜冻日一般在 10 月 25 日左右，终霜冻日为 4 月 3 日左右。

2. 地温　年平均地温 15.3 ℃，最冷的 1 月，地面平均温度 −1.7 ℃，最热的 7 月，地面平均温度 30.5 ℃。12 月下旬，10 厘米处开始冻结，一般在 2 月解冻，极端冻土深度 61 厘米（1971 年 2 月 6 日）。

3. 日照　年平均日照时数为 2 328.2 小时，1～3 月和 11～12 月，平均每天 6 小时；4～5 月和 9～10 月，每天平均 7 小时；6～7 月最长，每天平均为 8 小时。日出、日落时间：冬至 8 时 26 分日出、16 时 40 分日落；夏至 6 时 40 分日出、18 时 20 分日落。

4. 降水量　年平均降水量为 472.3 毫米，全市各地降水量有所不同，西北部和南部山区较大、东部和南部平川区较少。除因地形因素分布不均外，四季降水也明显不均，一般集中在 7～9 月，占全年降水量的 50%；而冬季的 12 月和翌年 1～2 月的降水只占全年降水的 3.0%；春季占全年降水量的 20%；秋季占 27%。同时降水年际间变化也较大，最多为 997.5 毫米（1958 年），最少为 230.8 毫米（1997 年）。全年降水日数平均为 8 天，其中降水量大于 25 毫米的只有 3 天多，平均 50 毫米的只有 1 天。最大日降水量 122.9 毫米（1958 年 8 月 17 日）。最长连续降水 11 天（1976 年 8 月 19 日至 29 日），雨量达 274 毫米。

5. 蒸发量　蒸发量大于降水量是河津市半干旱大陆性季风气候的显著特点。年平均蒸发量为 1 934.4 毫米，是年降水量的 4 倍。5 月、6 月蒸发量最大，为 240～300 毫米，1 月和 12 月最小，在 45 毫米左右。1965 年最大，蒸发量为 2 000.5 毫米；1970 年最小，为 1 128.6 毫米。降水少、蒸发大是造成全市十年九旱气候特点的重要原因。

最大冻土层深度 61 厘米，基本风压 35 千克/平方米，基本雪压 20 千克/平方米，地震基本裂度 7 度。

（二）成土母质

母质是土壤形成和发育的基础。土壤母质的类型和分布规律与土壤的形成以及土壤的理化性状有着密切的关系。河津市土壤母质可分为残积物、流水沉积物、风积物和黄土母质。

1. 残积物　残积物的特点是未经搬运、分选而残留在原地，母质岩性与下部基本相同，河津市北部石质山区有大面积分布。残积物的颗粒分级因岩性而异，极不均匀，大如碎石、细至黏粒。表层细小的碎屑常被流水冲去或被风刮走，留下较大的碎石。植被覆盖较好的地方，残积物保留完整。

2. 流水沉积物　流水搬运能力的大小取决于水能量的大小和被搬运物质颗粒的大小及其溶解的程度。流水沉积物可分为坡积物、洪积物、冲积物 3 种。

（1）坡积物：河津市山坡、山麓处多有分布。它主要是受到重力（崩塌）作用和雨水冲刷,将山顶和山腰的风化物移动沉积而形成。坡积物是各种非滚圆的、未分选及层理不明显的疏松堆积物,往往覆盖在其他母岩之上。所以,坡积物的母质特性与下覆基岩不同。

(2)洪积物:分布在垣地与山区接壤地带的峪口(遮马峪一带),由洪水作用堆积的洪积物质。洪积母质的特点是有一定的分选性,即由高到低土壤质地逐渐由粗变细。洪积物一般都带有枯枝落叶和腐殖质。所以以土体上下层次肥力较一致,土壤肥力也较高。

(3)冲积物:分布在汾河谷地和黄河沿岸,呈带状分布。由河水泛滥冲积而形成。冲积物的特点是:颗粒的球度好,有较好的分选性及明显的沉积层理。

3. 黄土母质 黄土母质是第四纪风积的马兰黄土和经水力搬运的洪积黄土和黄土状物质。黄土母质在河津市分布极广,是全市面积最大、生产性能较好、产量较高的土壤母质之一,其特征如下。

(1)黄土母质是疏松的、大小均一的颗粒堆积物:富含盐基,孔隙度大,垂直节理发育,质地轻,多为轻壤或中壤土。在半干旱地区,由于降水高度集中,且多呈大雨或暴雨,致使表层黄土流失,形成梁、峁地貌景观。

(2)富含碳酸钙:含量一般在10%左右,高者达20%以上,石灰反应强烈。在黄土母质发育的土壤剖面中,碳酸钙随土壤水分的运动而下移,往往以菌丝体或斑、粉状淀积于心土、底土层中。

4. 风积物 风积物是受风力的搬运作用堆积而成。主要分布在河津市禹门口以及沿黄河东岸一带。系原黄河古道,经风力搬运而形成的沙丘。沙丘由西北向东南方向移动,地貌景观多呈垄断状、缓岗状和平铺状。土质沙化、无黏结力和可塑性,无结构,易随风和水移动。水、肥、气、热状况不协调。近年来,随着滩涂开发力度加大,采取了多项综合改良措施,农业利用面积逐年扩大。

(三)河流与地下水

流经河津市境的河流主要有黄河、汾河。黄河,系秦晋界河,沿市境西缘自北向南,境内全长30千米,入万荣县境内,是河津市最大河流。据黄河龙门水文站1950—2000年观测资料统计,黄河多年平均流量为1 014.4立方米/秒。汛期多发生在每年7月、8月,一般年份洪峰流量为4 700～16 400立方米/秒,最大洪峰流量为21 000立方米/秒(1967年8月11日);枯水期多发生在每年的5月、6月(12月、1月也有发生),最少年流量为53.2立方米/秒(1978年6月28日)。

汾河,由稷山县史册村南端入境,由东向西齐腰横贯全市,流经河津市柴家乡、城区街道办事处、阳村乡、小梁乡,境内流程27千米。据河津百底水文站1950—2000年观测资料,多年平均流量33.8立方米/秒,最大年径流量33.56亿立方米(1964年),最大洪峰流量3 320立方米/秒(1954年9月6日);最小流量时河水干枯。20世纪70年代以来,由于上游提蓄水工程数量及规模增加,汾河流量减小,断流现象较多,平均每年断流20天左右,多年平均小于1立方米/秒的日数为54天。

泉水,境内吕梁山前由西向东分别有遮马峪、瓜峪、神峪3股泉水,俗称"三峪"。20世纪50年代,遮马峪、瓜峪的流量分别为0.28立方米/秒、0.21立方米/秒(神峪无资料);90年代,遮马峪、瓜峪、神峪的流量分别为0.167立方米/秒、0.084立方米/秒、

0.047 立方米/秒，流量逐年减小，瓜峪几乎枯竭。

河津市地下水资源丰富。地下水主要为大气降水和基岩山区裂隙水和峨嵋台地孔隙水的补给。市区内除吕梁山区及北坡的常好、寺庄、芦庄、北方平、僧楼、北王、贺家庄等地储水较少外，其余地区均较为丰富，尤以近山、近河地区为佳。河津市年可开采水量为 206 亿立方米，由于开采量增加，近 10 年来水位普遍下降，北坡一带下降 20～40 米，河槽地带下降 10 米左右。20 世纪 80 年代初黄河滩 90 平方千米的优质水源地被全国水储委员会称为"华北地区的一颗明珠"、山西省的风水宝地。

（四）自然植被

河津市地形复杂，自然植被的地理分布，除受气候、水文、地形等自然因素影响外，受人为因素影响较大，广大地域自然植被已被农作物所代替。根据不同的地形，可将全市植被分为 3 个区。

1. 山地、沟壑、坡地区

（1）石山区：位于河津市北部，属草灌植被。主要生长有荆条、醋柳、黄刺玫、胡枝子、白草、本氏针茅、狗尾草等，局部生长有刺槐、杨树。

（2）土山区：已开垦，自然植被多被农作物所替代，仅在田埂、路旁、沟边生长有酸枣刺、臭椿、刺槐、白草、狗尾草等。

（3）台垣斜坡沟壑坡：主要是草本植物，狗尾草、白蒿、枸杞、酸枣刺等，局部为杨树、果树。

2. 山前倾斜平原、垣地及二级阶地区　多为耕种土壤，已垦为农田，宜种多种作物。自然植被仅残存于路边、田埂、渠旁。田间杂草多是狗尾草、马唐、刺蓟、青蒿等草本植物。

3. 汾河一级阶地及黄河滩区　该区自然植被大都被农作物代替，自然植被主要分布于黄河、汾河沿岸的河漫滩及盐碱荒地上，其次分布在农田的田埂、路边。自然植被有芦苇、反枝苋、田旋花、车前、藜、青蒿、水稗、鬼针、苍耳等。

四、农村经济概况

2011 年，河津市实现农、林、牧、渔业总产值 127 256 万元。其中，农业总产值 86 000 万元，占 67.56%；林业总产值 2 500 万元，占 1.97%；畜牧业总产值 29 000 万元，占 22.79%；渔业总产值 156 万元，占 0.13%；农林牧渔服务业总产值 9 600 万元，占 7.55%。农民人均纯收入为 11 347 元。

改革开放以后，农村经济有了较快发展。农业生产总值，1949 年为 1 322.80 万元，1965 年为 2 246.85 万元，1975 年为 2 848.96 万元，10 年间提高 26.8%；1984 年为 6 207 万元，是 1975 年的 2.18 倍；1995 年为 21 739 万元，是 1984 年的 3.5 倍；2005 年为 44 000 万元，是 1995 年的 2.02 倍；2011 年为 127 256 万元。农民人均纯收入也有了较快的提高。1958 年为 52 元；1965 年为 59 元；1975 年为 61 元；1980 年为 97 元；1984 年为 409 元；1990 年达到 443 元；1995 年达到 1 199 元；2000 年达到 2 522 元；2010 年达到 9 874 元；2011 年突破万元大关，达到 11 347 元。

第二节 农业生产概况

一、农业发展历史

河津市是一个古老的农业区，水利开发较早，汉唐时期曾是著名的"粮仓"之一，唐代水利就有发展，唐玄宗开元二年（714 年），特在河津设仓储谷，《河津县志》载："龙门仓，唐置。开元二年，因石垆、马鞍二渠，溉田良沃，亩收十石，故设仓储之。"河津市大约在元代开始植棉。新中国成立以后，农业生产有了更快发展，特别是十一届三中全会以来，农业生产发展迅猛。随着农业机械化水平不断提高、农田水利设施的建设和农业新技术的推广应用，农业生产迈上了快车道。1949 年全市粮食总产仅为 19 060 吨，棉花产量为 1 385 吨。1980 年粮食总产达到 71 465 吨，是 1949 年的 3.75 倍；棉花总产 2 845 吨，是 1949 年的 2.1 倍。1995 年粮食总产达 89 475 吨，是 1980 年的 1.25 倍。2010 年粮食总产量达 173 148 吨，是 1995 年的 1.94 倍，见表 1-2。

表 1-2 河津市主要农作物总产量

年份	粮食（吨）	油料（吨）	棉花（吨）	水果（吨）	农民人均纯收入（元）
1949	19 060	610	1 385	—	—
1952	21 620	660	2 000	—	—
1965	43 530	250	2 290	—	59
1970	35 980	75	1 455	—	39
1975	63 340	67	1 625	—	61
1980	71 465	386	2 845	—	97
1984	86 990	4 995	3 205	2 986	409
1990	90 378	6 673	2 336	3 337	443
1995	89 475	3 893	1 190	6 218	1 199
2000	95 287	3 001	437	11 390	2 522
2005	56 658.5	757	698.5	7 838.5	5 716
2010	173 148	1 121	502	33 340	9 874

二、农业发展现状与问题

河津市光热资源丰富，园田化和梯田化水平较高，水利条件较好。全市耕地面积 31.98 万亩，其中，水浇地 26.304 万亩，占耕地总面积的 82.25%；旱地面积 5.676 万亩，占耕地总面积的 17.75%。

2011 年，河津市农林牧副渔总产值为 127 256 万元。其中，农业产值 86 000 万元，占 67.56%；林业产值 2 500 万元，占 1.97%；牧业产值 29 000 万元，占 22.79%；渔业产值 156 万元，占 0.13%；农林牧渔服务业 9 600 万元，占 7.55%。

2011 年，河津市粮食作物播种面积 48.1 万亩，油料作物 1.91 万亩，棉花面积 0.39 万亩，蔬菜面积 4.328 万亩，瓜类面积 0.091 3 万亩，水果 2.6 万亩，中药材 0.067 3 万亩。

畜牧业是河津市一项优势产业，2011 年末，全市大牲畜，牛 2 223 头，马 6 匹，驴 112 头，骡 155 头；另有猪 51 881 头，羊 32 957 只；家禽 817 100 只，兔 2 500 只。

河津市农机化水平较高，田间作业基本实现机械化，大大减轻了劳动强度，提高了劳动效率。全市农机总动力为 39.7 万千瓦。拖拉机 1 762 台，其中大中型 920 台，小型 842 台。种植业机具门类齐全，耕整地机械 2 828 台、施肥机械 3 206 台、农业排灌机械 4 295 台、田间管理机械 546 台、收获机械 1 035 台、收获后处理机械 120 台、设施农业设备 40 万立方米。畜牧养殖机械 966 台。农副产品加工机械 3 410 台。农用运输车 11 828 台，农用挂车 180 台。全市机耕面积 29.84 万亩，机播面积 39.68 万亩，机收面积 37.94 万亩。农用化肥折纯用量 36 134 吨，农膜用量 177 吨，农药用量 378 吨。

河津市共有各类水利工程 1 443 处。其中，大型灌区 1 处（禹门口黄河提水工程）、中型灌区 2 处、小型自流灌区 4 处、小型机电泵站 32 处、农业灌溉机井 1 404 眼。

从河津市农业生产看，一是粮田面积不断扩大；二是棉田面积波动大，呈减少趋势；三是蔬菜面积增加。分析其原因，首先，人工费普遍提升，种粮机械化程度高、用工少；其次，棉花市场价格波动大、用工多，种田不如打工，播种面积下降；最后，由于人工费的提升，种粮效益比较低。随着黄河滩涂地开发，黄河滩种植芦笋、韭菜等面积增加。

第三节　耕地利用与保养管理

一、主要耕作方式及影响

河津市的农田耕作方式有一年两作即小麦-玉米（或豆类）轮作，一年一作（小麦或棉花）。一年两作，前茬作物收获后，秸秆还田，旋耕播种，旋耕深度一般为 20～25 厘米。优点：一是两茬秸秆还田，有效地提高了土壤有机质含量；二是全部机耕、机种，提高了劳动效率。缺点：土地不能深耕，降低了活土层。一年一作是旱地小麦或棉花、薯类的种植方式。前茬作物收获后，在伏天或冬前进行深耕，以便接纳雨雪、晒垡。深度一般在 25 厘米以上，以利于打破犁底层、加厚活土层，同时还利于翻压杂草。

二、耕地利用现状，生产管理及效益

河津市种植作物主要有冬小麦、夏玉米、棉花、油料、小杂粮、蔬菜，兼种一些经济作物。耕作制度有一年一作、一年两作。灌溉水源有浅井、深井、河水、水库。灌溉方式河水大多采取大水漫灌，井水大多采用畦灌。一般年份，汾河两岸每季作物浇水 2～3 次，平均费用 20 元/（亩·次）；其他地区一般 1～2 水，平均费用 60～80 元/（亩·次）。生产

管理上机械化水平较高，但随着油价上涨，费用也在不断提高。一年一作亩投入 80 元左右，一年两作亩投入 120 元左右。

据 2011 年统计部门资料，河津市农作物总播种面积 57.49 万亩。其中，粮食作物播种面积 48.1 万亩，占用耕地面积 25.8 万亩，总产量为 165 200 吨；其中，小麦面积 25.00 万亩，总产 78 700 吨；玉米面积 23.10 万亩，总产 86 500 吨。油料作物 1.91 万亩，总产 1 005 吨；棉花面积 0.39 万亩，总产 250 吨；蔬菜面积 4.328 万亩，总产 74 348 吨；瓜类面积 0.091 3 万亩，总产 1 678 吨；水果 2.6 万亩，总产 43 926 吨；中药材 0.067 3 万亩，总产 270 吨。

效益分析：高水肥地小麦平均亩产 410 千克，每千克售价 2.0 元，产值 820 元，投入 390 元，亩纯收入 430 元；旱地小麦一般年份亩产 200 千克，亩产值 400 元，投入 180 元，亩纯收入 220 元。水地玉米平均亩产 550 千克，每千克售价 1.9 元，亩产值 1 045 元，亩投入 380 元，亩收益 665 元。水地棉花亩产 80 千克，籽棉 200 千克，每千克籽棉售价 5.0 元，亩产值 1 000 元，亩投入 560 元，纯收入 440 元。这里指的是一般年份，如遇旱年，旱地小麦收入更低、甚至亏本。旱地玉米，如遇卡脖旱，颗粒无收。水地小麦、玉米，如遇旱年，投入加大、收益降低。苹果一般亩纯收入 2 800 元左右，芦笋亩纯收入 3 000 元左右。

三、施肥现状与耕地养分演变

河津市大田农家肥施用量呈下降趋势。过去农村耕地、运输主要以畜力为主，农家肥主要是大牲畜粪便。1949 年，全市有大牲畜 10 633 头，随着新中国成立后农业生产的恢复和发展，到 1957 年增加到 23 869 头，1966 年发展到 24 027 头，直到 1996 年以前一直在 2.4 万头左右徘徊。随着农业机械化水平的提高，大牲畜又呈下降趋势，1997 年全市仅有大牲畜 7 025 头，猪和鸡的数量也不断减少。2005 年全市大牲畜 4 621 头，猪和鸡的数量有所增加，分别达到 44 917 头和 740 840 只，但粪便主要施入菜田、果园等效益较高的经济作物。因而，目前大田土壤中有机质含量的增加主要依靠秸秆还田。化肥的使用量，从逐年增加到趋于合理。据统计资料，化肥施用量（折纯），1952 年全市仅为 82 吨；1959 年为 1 846 吨；1969 年为 1 699 吨；1979 年 14 701 吨；1984 年为 19 279 吨；1995 年为 29 250 吨（实物量）；2000 年为 32 996 吨（实物量）；2005 年为 36 299 吨（实物量）；2010 年为 36 001 吨（实物量）。

2011 年，河津市测土配方施肥技术应用面积达 55 万亩，秸秆还田面积 40 余万亩，化肥施用量（实物）为 36 134 吨，其中，氮肥 15 164 吨、磷肥 9 975 吨、钾肥 1 968 吨、复合肥为 9 027 吨。

随着农业生产的发展，秸秆还田、测土配方施肥技术的推广，2011 年河津市耕地耕层土壤养分测定结果比 1984 年第二次全国土壤普查普遍提高。土壤有机质平均增加了 8.88 克/千克，全氮增加了 0.22 克/千克，有效磷增加了 6.26 毫克/千克，速效钾增加了 77.25 毫克/千克。随着测土配方施肥技术的全面推广应用和培肥地力，耕地综合生产能力会不断提高。

四、耕地利用与保养管理简要回顾

1985—1995 年，根据全国第二次土壤普查结果，河津市划分了土壤利用改良区，根据不同土壤类型、不同土壤肥力和不同生产水平，提出了合理利用培肥措施，达到了培肥土壤的目的。

1995—2008 年，随着农业产业结构调整步伐加快，实施"沃土"计划，推广平衡施肥，小麦、玉米两茬秸秆直接还田，特别是 2009—2011 年，测土配方施肥项目的实施，使河津市施肥结构更加合理，加之退耕还林等生态措施的实施，农业大环境得到了有效改善。近年来，随着科学发展观的贯彻落实，环境保护力度不断加大，农田环境日益好转。同时政府加大对农业投入，通过一系列有效措施，全市耕地综合生产能力不断提高，农业生产逐步向现代化迈进。

第二章 耕地地力调查与质量评价的内容和方法

根据《耕地地力调查与质量评价技术规程》(以下简称《规程》)和《全国测土配方施肥技术规范》(以下简称《规范》)的要求,通过肥料效应田间试验、样品采集与制备、田间基本情况调查、土壤与植株测试、肥料配方设计、配方肥料合理使用、效果反馈与评价、数据汇总、报告撰写等内容、方法与操作规程和耕地地力评价方法的工作过程,进行耕地地力调查和质量评价。本次调查和评价是基于 4 个方面进行的。一是通过耕地地力调查与评价,合理调整农业结构,满足市场对农产品多样化、优质化的要求以及经济发展的需要;二是全面了解耕地质量现状,为无公害农产品、绿色食品、有机食品生产提供科学依据,为人民提供健康安全食品;三是针对耕地土壤的障碍因子,提出中低产田改造、防止土壤退化及修复已污染土壤的意见和措施,提高耕地综合生产能力;四是通过调查,建立全市耕地资源信息管理系统和测土配方施肥专家咨询系统,对耕地质量和测土配方施肥实行计算机网络管理,形成较为完善的测土配方施肥数据库,为农业增产、增效和农民增收提供科学决策依据,保证农业可持续发展。

第一节 工作准备

一、组织准备

由山西省农业厅土壤肥料工作站牵头成立测土配方施肥和耕地地力调查领导组、专家组、技术指导组,河津市成立相应的领导小组、办公室、野外调查队和室内资料数据汇总组。

二、物资准备

根据《规程》和《规范》的要求,进行了充分的物资准备,先后配备了 GPS 定位仪、不锈钢土钻、计算机、钢卷尺、100 立方厘米环刀、土袋、可封口塑料袋、化验药品、化验室仪器以及调查表格等。并在原来土壤化验室基础上,进行必要补充和维修,为全面调查和室内化验分析做好了充分的物资准备。

三、技术准备

领导组聘请山西省农业厅土壤肥料工作站、山西农业大学资源环境学院、运城市农业局土壤肥料工作站及河津市农业委员会的有关专家，组成技术指导组，根据《规程》和《山西省 2005 年区域性耕地地力调查与质量评价实施方案》及《规范》，制定了《河津市测土配方施肥技术规范》《河津市耕地地力调查与质量评价技术规程》，并编写了技术培训教材。在采样调查前对采样调查人员进行认真、系统的技术培训。

四、资料准备

按照《规程》和《规范》要求，收集了河津市行政规划图、地形图、第二次土壤普查成果图、基本农田保护区划图、土地利用现状图、农田水利分区图等图件。收集了第二次土壤普查成果资料，基本农田保护区地块基本情况、基本农田保护区划统计资料，大气和水质量污染分布及排污资料，果树、蔬菜、棉花种植面积、品种、产量及污染等有关资料，农田水利灌溉区域、面积及地块灌溉保证率，退耕还林规划，肥料、农药使用品种及数量、肥力动态监测等资料。

第二节　室内预研究

一、确定采样点位

（一）布点与采样原则

为了使土壤调查所获取的信息具有一定的典型性和代表性，提高工作效率，节省人力和资金。采样前参考县级土壤图，做好采样点规划设计，确定采样点位。实际采样时严禁随意变更采样点，若有变更须注明理由。在布点和采样时主要遵循了以下原则：一是布点具有广泛的代表性，同时兼顾均匀性，根据土壤类型、土地利用等因素，将采样区域划分为若干个采样单元，每个采样单元的土壤性状要尽可能均匀一致；二是尽可能在全国第二次土壤普查时的剖面或农化样取样点上布点；三是采集的样品具有典型性，能代表评价单元最明显、最稳定、最典型的特征，尽量避免各种非调查因素的影响；四是所调查农户随机抽取，按照事先所确定采样地点寻找符合基本采样条件的农户进行，采样在符合要求的同一农户的同一地块内进行。

（二）布点方法

大田土样布点方法按照全国《规程》和《规范》，结合河津市实际情况，将大田样点密度定为平原区、丘陵区平均每 200 亩一个点位，实际布设大田样点 3 802 个。一是依据山西省第二次土壤普查土种归属表，把那些图斑面积过小的土种，适当合并至母质类型相同、质地相近、土体构型相似的土种，修改编绘出新的土种图；二是将归并后的土种图与基本农田保护区划图和土地利用现状图叠加，形成评价单元；三是根据评价单元的个数及相应面积，在样点总数的控制范围内，初步确定不同评价单元的采样点数；四是在评价单元中，根据图斑大小、种植制度、作物种类、产量水平等因素的不同，确定布点数量和点位，并在图上予以标注。点位尽可能选在第二次土壤普查时的典型剖面取样点或农化样品取样点上；五是不同评价单元的取样数量和点位确定后，按照土种、作物品种、产量水平等因素，分别统计其相应的取样数量。当某一因素点位数过少或过多时，再根据实际情况进行适当调整。

二、确定采样方法

1. 采样时间 在大田作物收获后、秋播作物施肥前进行。按叠加图上确定的调查点位去野外采集样品。通过向农民实地了解当地的农业生产情况，确定最具代表性的同一农户的同一块田采样，田块面积均在 1 亩以上，并用 GPS 定位仪确定地理坐标和海拔高程，记录经纬度，精确到 0.1″，依此数据准确修正点位图上的点位位置。

2. 调查、取样 向已确定采样田块的户主，按农户地块调查表格的内容逐项进行调查并认真填写。调查严格遵循实事求是的原则，对那些提供信息不清楚的农户，通过访问地力水平相当、位置基本一致的其他农户或对实物进行核对推算。采样主要采用 S 法，均匀随机采取 15～20 个采样点样品，充分混合后，四分法留取 1 千克组成一个土壤样品，并装入已准备好的土袋中。

3. 采样工具 主要采用不锈钢土钻，采样过程中努力保持土钻垂直，样点密度均匀，基本符合厚薄、宽窄、数量的均匀特征。

4. 采样深度 为 0～20 厘米耕作层土样。

5. 采样记录 填写两张标签，土袋内外各具 1 张，注明采样编号、采样地点、采样人、采样日期等。采样同时，填写大田采样点基本情况调查表和大田采样点农户调查表。

三、确定调查内容

根据《规范》要求，按照"测土配方施肥采样地块基本情况调查表"认真填写。这次调查的范围是基本农田保护区耕地和园地（包括蔬菜、果园和其他经济作物田）。调查内容主要有 3 个方面：一是与耕地地力评价相关的耕地自然环境条件，农田基础设施建设水平和土壤理化性状，耕地土壤障碍因素和土壤退化原因等；二是与农业结构调整密切相关的耕地土壤适宜性问题等；三是农户生产管理情况调查。

以上资料的获得，一是利用第二次土壤普查和土地利用现状等现有资料，通过收集整理而来；二是采用以点带面的调查方法，经过实地调查访问农户获得的；三是对所采集样品进行相关分析化验后取得；四是将所有资料，包括农户生产管理情况调查资料等分析数据录入到计算机中，并经过矢量化处理形成数字化图件、插值，使每个地块均具有各种资料信息。这些资料和信息，对分析耕地地力评价与耕地质量评价结果及影响因素具有重要意义。通过分析农户投入和生产管理对耕地地力土壤环境的影响，分析农民现阶段投入成本与耕地质量的直接关系，有利于提高成果的利用价值，引起各级领导的关注。通过对每个地块资源的充实完善，可以从微观角度，对土、肥、气、热、水资源运行情况有更周密的了解，提出管理措施和对策，指导农民进行资源合理利用和分配。通过对全部信息资料的了解和掌握，可以宏观调控资源配置，合理调整农业产业结构，科学指导农业生产。

四、确定分析项目和方法

根据《规程》《山西省耕地地力调查及质量评价实施方案》和《规范》规定，土壤质量调查样品检测项目有 pH、有机质、全氮、有效磷、速效钾、有效硫、有效铜、有效锌、有效铁、有效锰、水溶性硼 11 个项目；果园土壤样品检测项目有 pH、有机质、全氮、有效磷、速效钾、有效钙、有效镁、有效铜、有效锌、有效铁、有效锰、有效硼 12 个项目。其分析方法均按全国统一规定的测定方法进行。

五、确定技术路线

河津市耕地地力调查与质量评价所采用的技术路线见图 2-1。

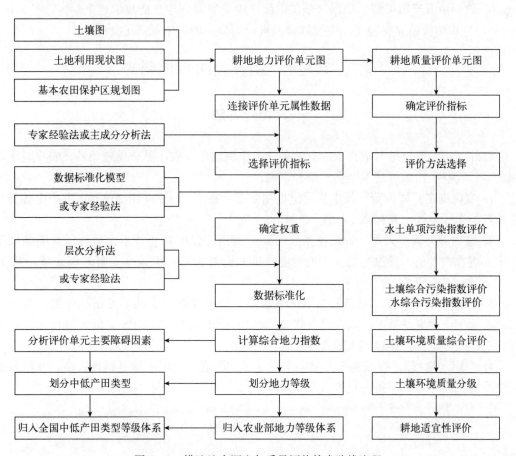

图 2-1 耕地地力调查与质量评价技术路线流程

1. 确定评价单元 利用基本农田保护区规划图、土壤图和土地利用现状图叠加的图斑为基本评价单元。相似相近的评价单元至少采集一个土壤样品进行分析，在评价单元图上连接评价单元属性数据库，用计算机绘制各评价因子图。

2. 确定评价因子 根据全国、省级耕地地力评价指标体系并通过农科教专家论证来选择河津市市域耕地地力评价因子。

3. 确定评价因子权重 用模糊数学德尔菲法和层次分析法将评价因子标准数据化，并计算出每一评价因子的权重。

4. 数据标准化 选用隶属函数法和专家经验法等数据标准化方法，对评价指标进行数据标准化处理，对定性指标要进行数值化描述。

5. 综合地力指数计算 用各因子的地力指数累加得到每个评价单元的综合地力指数。

6. 划分地力等级 根据综合地力指数分布的累积频率曲线法或等距法，确定分级方案，并划分地力等级。

7. 归入全国耕地地力等级体系 依据《全国耕地类型区、耕地地力等级划分》(NY/T 309—1996)，归纳整理各级耕地地力要素主要指标，结合专家经验，将各级耕地地力归入全国耕地地力等级体系。

8. 划分中低产田类型 依据《全国中低产田类型划分与改良技术规范》(NY/T 310—1996)，分析评价单元耕地土壤主要障碍因素，划分并确定中低产田类型。

第三节 野外调查及质量控制

一、调查方法

野外调查的重点是对取样点的立地条件、土壤属性、农田基础设施条件、农户栽培管理成本、收益及污染等情况全面了解和掌握。

1. 室内确定采样位置 技术指导组根据要求，在 1∶10 000 评价单元图上确定各类型采样点的采样位置，并在图上标注。

2. 培训野外调查人员 抽调技术素质高、责任心强的农业技术人员，尽可能抽调第二次土壤普查人员，经过为期 3 天的专业培训和野外实习，组成 5 支野外调查队，共 15 人参加野外调查。

3. 根据《规程》和《规范》要求严格取样 各野外调查支队根据图标位置，在了解农户农业生产情况基础上，确定具有代表性的田块和农户，用 GPS 定位仪进行定位，依据田块准确方位修正点位图上的点位位置。

4. 按照《规程》、省级实施方案要求规定和《规范》规定，填写调查表格，并将采集的样品统一编号，带回室内化验。

二、调查内容

（一）基本情况调查项目

1. 采样地点和地块 地址名称采用民政部门认可的正式名称。地块采用当地的通俗名称。

2. 经纬度及海拔高度 由 GPS 定位仪进行测定。

3. 地形地貌 以形态特征划分为五大地貌类型，即山地、丘陵、平原、高原及盆地。

4. 地形部位 指中小地貌单元。主要包括河漫滩、一级阶地、二级阶地、高阶地、坡地、梁地、垣地、峁地、山地、沟谷、洪积扇（上、中、下）、倾斜平原、河槽地、冲积平原。

5. 坡度 一般分为＜2.0°、2.1°～5.0°、5.1°～8.0°、8.1°～15.0°、15.1°～25.0°、≥25.0°。

6. 侵蚀情况 按侵蚀种类和侵蚀程度记载，根据土壤侵蚀类型可划分为水蚀、风蚀、重力侵蚀、冻融侵蚀、混合侵蚀等，侵蚀程度通常分为无、明显、轻度、中度、强度、极强度5级。

7. 潜水深度 指地下水深度，分为深位（3～5米）、中位（2～3米）、浅位（≤2米）。

8. 家庭人口及耕地面积 指每个农户实有的人口数量和种植耕地面积（亩）。

（二）土壤性状调查项目

1. 土壤名称 统一按第二次土壤普查时的连续命名法填写，详细到土种。

2. 土壤质地 采用国际制；全部样品均需采用手摸测定；质地分为沙土、沙壤、壤土、黏壤、黏土5级。室内选取10%的样品采用比重计法（粒度分布仪法）测定。

3. 质地构型 指不同土层之间的质地构造变化情况。一般可分为通体壤、通体黏、通体沙、黏夹沙、底沙、壤夹黏、多砾、少砾、夹砾、底砾、少姜、多姜等。

4. 耕层厚度 用铁锹垂直铲下去，用钢卷尺按实际进行测量确定。

5. 障碍层次及深度 主要指沙土、黏土、砾石、料姜等所发生的层位、层次及深度。

6. 盐碱情况 按盐碱类型划分为苏打盐化、硫酸盐盐化、氯化物盐化、混合盐化等。按盐化程度分为重度、中度、轻度等，碱化也分为轻度、中度、重度等。

7. 土壤母质 按成因类型分为保德红土、残积物、河流冲积物、洪积物、黄土状冲积物、离石黄土、马兰黄土等类型。

（三）农田设施调查项目

1. 地面平整度 按大范围地面坡度分为平整（＜2°）、基本平整（2°～5°）、不平整（＞5°）。

2. 梯田化水平 分为地面平坦、园田化水平高，地面基本平坦、园田化水平较高，高水平梯田，缓坡梯田，新修梯田，坡耕地6种类型。

3. 田间输水方式 管道、防渗渠道、土渠等。

4. 灌溉方式 分为漫灌、畦灌、沟灌、滴灌、喷灌、管灌等。

5. 灌溉保证率 分为充分满足、基本满足、一般满足、无灌溉条件4种情况或按灌溉保证率（%）计。

6. 排涝能力 分为强、中、弱3级。

（四）生产性能与管理情况调查项目

1. 种植（轮作）制度 分为一年一熟、一年两熟、两年三熟等。

2. 作物（蔬菜）种类与产量 指调查地块上年度主要种植作物及其平均产量。

3. 耕翻方式及深度 指翻耕、旋耕、耙地、耱地、中耕等。

4. 秸秆还田情况 分翻压还田、覆盖还田等。

5. 设施类型、棚龄或种菜年限 分为薄膜覆盖、塑料拱棚、温室等，棚龄以正式投入使用算起。

6. 上年度灌溉情况 包括灌溉方式、灌溉次数、年灌水量、水源类型、灌溉费用等。

7. 年度施肥情况 包括有机肥、氮肥、磷肥、钾肥、复合（混）肥、微肥、叶面肥、微生物肥及其他肥料施用情况，有机肥要注明类型，化肥指纯养分。

8. 上年度生产成本 包括化肥、有机肥、农药、农膜、种子（种苗）、机械人工及其他。

9. 上年度农药使用情况 农药作用次数、品种、数量。

10. 产品销售及收入情况。

11. 作物品种及种子来源。

12. 蔬菜效益 指当年纯收益。

三、采样数量

在河津市 31.98 万亩耕地上，共采集大田土壤样品 3 802 个。

四、采样控制

野外调查采样是本次调查评价的关键。既要考虑采样的代表性、均匀性，也要考虑采样的典型性。根据河津市的区划划分特征，分别在黄河和汾河的一级、二级阶地，黄土台垣，山前倾斜平原等地形部位，并充分考虑不同作物类型、不同地力水平的农田，严格按照《规程》和《规范》要求均匀布点，并按图标布点实地核查后进行定点采样。整个采样过程严肃认真，达到了《规程》要求，保证了调查采样质量。

第四节　样品分析及质量控制

一、分析项目及方法

（1）pH：采用土液比 1∶2.5，电位法测定。

（2）有机质：采用油浴加热——重铬酸钾氧化容量法测定。

（3）有效磷：采用碳酸氢钠或氟化铵-盐酸浸提——钼锑抗比色法测定。

（4）速效钾：采用乙酸铵浸提——火焰光度计或原子吸收分光光度计法测定。

（5）全氮：采用凯氏蒸馏法测定。

（6）缓效钾：采用硝酸提取——火焰光度法测定。

（7）有效铜、锌、铁、锰：采用 DTPA 提取——原子吸收光谱法测定。

（8）水溶性硼：采用沸水浸提——甲亚胺- H 比色法或姜黄素比色法测定。

（9）有效硫：采用磷酸盐-乙酸或氯化钙浸提——硫酸钡比浊法测定。

二、分析测试质量控制

分析测试质量主要包括野外调查取样后样品风干、处理与实验室分析化验质量，其质量的控制是调查评价的关键。

(一) 样品风干及处理

常规样品如大田样品、果园土壤样品，及时放置在干燥、通风、卫生、无污染的室内风干，风干后送化验室处理。

将风干后的样品平铺在制样板上，用木棍或塑料棍碾压，并将植物残体、石块等侵入体和新生体剔除干净。细小已断的植物须根，可采用静电吸附的方法清除。压碎的土样用 2 毫米孔径筛过筛，未通过的土粒重新碾压，直至全部样品通过 2 毫米孔径筛为止。通过 2 毫米孔径筛的土样可供 pH、盐分、阳离子交换量及有效养分等项目的测定。

将通过 2 毫米孔径筛的土样用四分法取出一部分继续碾磨，使之全部通过 0.25 毫米孔径筛，供有机质、全氮、碳酸钙等项目的测定。

用于微量元素分析的土样，其处理方法同一般化学分析样品，但在采样、风干、研磨、过筛、运输、储存等诸环节都要特别注意，不要接触容易造成样品污染的铁、铜等金属器具。采样、制样推荐使用不锈钢、木、竹或塑料工具，过筛使用尼龙网筛等。通过 2 毫米孔径尼龙筛的样品可用于测定土壤有效态微量元素。

将风干土样反复碾压，用 2 毫米孔径筛过筛。留在筛上的碎石称量后保存，同时将过筛的土壤称重，计算石砾质量百分数。将通过 2 毫米孔径筛的土样混匀后盛于广口瓶内，用于颗粒分析及其他物理性状测定。若风干土样中有铁锰结核、石灰结核、石子或半风化体，不能用木棍碾碎，应首先将其细心拣出称量保存，然后再进行碾碎。

(二) 实验室质量控制

1. 测试前采取的主要措施

(1) 方案制订：按《规程》要求制订了周密的采样方案，尽量减少采样误差（把采样作为分析检验的一部分）。

(2) 人员培训：正式开始分析前，对检验人员进行了为期 2 周的培训，对检测项目、检测方式、操作要点、注意事项等进行培训，并进行了质量考核，为检验人员掌握了解项目分析技术、提高业务水平、减少误差等奠定了基础。

(3) 收样登记制度：制订了收样登记制度，将收样时间、制样时间、处理方法与时间、分析时间逐项登记，并在收样时确定样品统一编码、野外编码及标签等，从而确保了样品的真实性和整个过程的完整性。

(4) 测试方法确认（尤其是同一项目有几种检测方法时）：根据实验室现有条件、要求规定及分析人员掌握情况等确定最终采取的分析方法。

(5) 测试环境确认：为减少系统误差，对实验室温湿度、试剂、用水、器皿等逐项检验，保证其符合测试条件。对有些相互干扰的项目分实验室进行分析。

(6) 检测用仪器设备及时进行计量检定，定期对运行状况进行检查。

2. 检测中采取的主要措施

（1）仪器使用实行登记制度，并及时对仪器设备进行检查维修和调整。

（2）严格执行项目分析标准或规程，确保测试结果准确性。

（3）坚持平行试验、必要的重现性试验，控制精密度，减少随机误差。

每个项目开始分析时每批样品均须做 100％的平行样品，结果稳定后，平行次数减少 50％，但最少保证做 10％～15％平行样品。每个化验人员都自行编入明码样做平行测定，质控员还编入 10％密码样进行质量按制。

平行双样测定结果的误差在允许的范围之内为合格；平行双样测定全部不合格者，该批样品须重新测定；平行双样测定合格率＜95％时，除对不合格的重新测定外，再增加 10％～20％的平行测定率，直到总合格率达到 95％以上。

（4）坚持带质控样进行测定

① 与标准样对照。分析中，每批次样品带标准样品 10％～20％，在测定的精密度合格的前提下，标准样测定值在标准保证值（95％的置信水平）范围内为合格，否则本批结果无效，进行重新分析测定。

② 加标回收法。对灌溉水样由于无标准物质或质控样品，采用加标回收试验来测定准确度。

③ 加标率。在每批样品中，随机抽取 10％～20％的试样进行加标回收测定。

④ 加标量。被测组分的总量不得超出方法的测定上限。加标浓度宜高，体积应小，不应超过原定试样体积的 1％。

加标回收率在 90％～110％范围内的为合格。

$$加标回收率（\%）=\frac{加标试样测定值-试样测定值}{加标量}\times100$$

根据回收率大小，也可判断是否存在系统误差。

（5）注重空白试验：全程空白值是指用某一方法测定某物质时，除样品中不含该物质外，整个分析过程中引起的信号值或相应浓度值。它包含了试剂、蒸馏水中杂质带来的干扰，从待测试样的测定值中扣除，可消除上述因素带来的系统误差。如果空白值过高，则要找出原因，采取其他措施（如提纯试剂、更新试剂、更换容器等）加以消除。保证每批次样品做两个以上空白样，并在整个项目开始前按要求做全程空白测定，每次做两个平行空白样，连测 5 天共得 10 个测定结果，计算批内标准偏差 S_{wb}。

$$S_{wb}=\left[\sum(X_i-X_{\text{平}})^2/m(n-1)\right]^{1/2}$$

式中：n——每天测定平均样个数；

m——测定天数。

（6）做好校准曲线：比色分析中标准系列保证设置 6 个以上浓度点。根据浓度和吸光值按一元线性回归方程

$$Y=a+bX$$

计算其相关系数。

式中：Y——吸光度；

X——待测液浓度；

　　　　a——截距；

　　　　b——斜率。

　　要求标准曲线相关系数 $r \geqslant 0.999$。

　　校准曲线控制：① 每批样品皆需做校准曲线；② 标准曲线力求 $r \geqslant 0.999$，且有良好重现性；③ 大批量分析时每测 $10 \sim 20$ 个样品要用标准液校验，检查仪器状况；④ 待测液浓度超标时不能任意外推。

　　（7）用标准物质校核实验室的标准滴定溶液：标准物质的作用是校准。对测量过程中使用的基准纯、优级纯的试剂进行校验。校准合格才能使用，确保量值准确。

　　（8）详细、如实记录测试过程：使检测条件可再现、检测数据可追溯。对测量过程中出现的异常情况也及时记录，及时查找原因。

　　（9）认真填写测试原始记录：测试记录做到如实、准确、完整、清晰。记录的填写、更改均制订了相应制度和程序。当测试由一人读数一人记录时，记录人员复读多次所记的数字，减少误差发生。

3. 检测后主要采取的技术措施

　　（1）加强原始记录校核、审核：实行"三审三校"制度，对发现的问题及时研究、解决，或召开质量分析会，达成共识。

　　（2）运用质量控制图预防质量事故发生：对运用均值-极差控制图的判断，参照《质量专业理论与实践》中的判断标准。对控制样品进行多次重复测定，由所得结果计算出控制样的平均值 X 及标准差 S（或极差 R），就可绘制均值-标准差控制图（或均值-极差控制图），纵坐标为测定值，横坐标为获得数据的顺序。将均值 X 作成与横坐标平行的中心级 CL，$X \pm 3S$ 为上下控制限 UCL 及 LCL，$X \pm 2S$ 为上下警戒限 UWL 及 LWL，在进行试样例行分析时，每批带入控制样，根据差异判异准则进行判断。如果在控制限之外，该批结果为全部错误结果，则必须查出原因，采样措施，加以消除，除"回控"后再重复测定，并控制错误不再出现。如果控制样的结果落在控制限和警戒限之间，说明精密度已不理想，应引起注意。

　　（3）控制检出限：检出限是指对某一特定的分析方法在给定的置信水平内，可以从样品中检测的待测物质的最小浓度或最小量。根据空白测定的批内标准偏差（S_{wb}）按下列公式计算检出限（95% 的置信水平）。

　　① 若试样一次测定值与零浓度试样一次测定值有显著性差异时，检出限（L）按下列公式计算：

$$L = 2 \times 2^{1/2} t_f S_{wb}$$

　　式中：t_f——显著水平为 0.05（单测）、自由度为 f 的 t 值；

　　　　　S_{wb}——批内空白值标准偏差；

　　　　　f——批内自由度，$f = m(n-1)$，m 为重复测定数，n 为平行测定次数。

　　② 原子吸收分析方法中检出限计算：$L = 3S_{wb}$。

　　③ 分光光度法以扣除空白值后的吸光值为 0.010 相对应的浓度值为检出限。

　　（4）及时对异常情况处理：

　　① 异常值的取舍。对检测数据中的异常值，按 GB 4883 标准规定采用 Grubbs 法或

Dixon 法加以判断处理。

② 外界干扰（如停电、停水）。检测人员应终止检测，待排除干扰后再重新检测，并记录干扰情况。当仪器出现故障时，故障排除后并校准合格的，方可重新检测。

（5）数据处理：使用计算机采集、处理、运算、记录、报告、存储检测数据时，应制订相应的控制程序。

（6）检验报告的编制、审核、签发：检验报告是实验工作的最终结果，是实验室工作的产品，因此对检验报告质量要高度重视。检验报告应做到完整、准确、清晰、结论正确。必须坚持三级审核制度，明确制表、审核、签发的职责。

除此之外，为保证分析化验质量，提高实验室之间分析结果的可比性，山西省土壤肥料工作站抽查 5%～10%样品在省测试中心进行复核，并编制密码样，对实验室进行质量监督和控制。

4. 技术交流 在分析过程中，发现问题及时交流，改进方法，不断提高技术水平。

5. 数据录入 分析数据按《规程》和方案要求审核后编码整理，和采样点一一对照，确认无误后进行录入。采取双人录入、相互对照的方法，保证录入正确率。

第五节 评价依据、方法及评价标准体系的建立

一、评价原则依据

经山西省农业厅土壤肥料工作站、山西农业大学资源环境学院、运城市土壤肥料工作站以及河津市土壤肥料工作站专家评议，河津市确定了三大因素、11 个因子为耕地地力评价指标。

1. 立地条件 指耕地土壤的自然环境条件，它包含与耕地质量直接相关的地貌类型及地形部位、成土母质、地面坡度等。

（1）地貌类型及其特征描述：河津市由平原到山地垂直分布的主要地形地貌有河流及河谷冲积平原（河漫滩、一级阶地、二级阶地），山前倾斜平原（洪积扇上、中、下等），丘陵（梁地、坡地等）和山地（石质山、土石山等）。

（2）成土母质及其主要分布：在河津市耕地上分布的母质类型有洪积物、河流冲积物、残积物、离石黄土、黄土状冲积物（丘陵及山前倾斜平原区）。

（3）地面坡度：地面坡度反映水土流失程度，直接影响耕地地力，河津市将地面坡度依大小分成 6 级（＜2.0°、2.1°～5.0°、5.1°～8.0°、8.1°～15.0°、15.1°～25.0°、≥25.0°）进入地力评价系统。

2. 土壤属性

（1）土体构型：指土壤剖面中不同土层间质地构造变化情况，直接反映土壤发育及障碍层次，影响根系发育、水肥保持及有效供给，包括有效土层厚度、耕作层厚度、质地构型 3 个因素。

① 有效土层厚度。指土壤层和松散的母质层之和，按其厚度（厘米）深浅从高到低依次分为 6 级（＞150、101～150、76～100、51～75、26～50、≤25）进入地力评价

系统。

② 耕层厚度。按其厚度（厘米）深浅从高到低依次分为 6 级（＞30、26～30、21～25、16～20、11～15、≤10）进入地力评价系统。

③ 质地构型。河津市耕地质地构型主要分为通体型（包括沙土型、沙壤型、轻壤型、中壤型、重壤型、重壤料姜型、沙壤砾石型）、夹层型（包括中壤蒙金型、轻壤蒙金型、沙壤蒙金型、漏沙型）、薄层型（包括漏层型、薄层型）等。

（2）耕层土壤理化性状。分为较稳定的物理性状（容重、质地、有机质、盐渍化程度、pH）和易变化的化学性状（有效磷、速效钾）两大部分。

① 容重（克/立方厘米）。影响作物根系发育及水肥供给，进而影响产量。从低到高依次分为 6 级（≤1.00、1.01～1.14、1.15～1.26、1.27～1.30、1.31～1.4、＞1.40）进入地力评价系统。

② 质地。影响水肥保持及耕作性能。按卡庆斯基制的 6 级划分体系来描述，分别为沙土、沙壤、轻壤、中壤、重壤、黏土。

③ 有机质。土壤肥力的重要指标，直接影响耕地地力水平。按其含量（克/千克）从高到低依次分为 6 级（＞25.00、20.01～25.00、15.01～20.00、10.01～15.00、5.01～10.00、≤5.00）进入地力评价系统。

④ 盐渍化程度。直接影响作物出苗及能否正常生长发育，以全盐量的高低来衡量（具体指标因盐碱类型而不同），分为无、轻度、中度、重度 4 种情况。

⑤ pH。过大或过小均影响作物生长发育。按照河津市耕地土壤的 pH 范围，按其测定值由低到高依次分为 6 级（6.0～7.0、7.0～7.9、7.9～8.5、8.5～9.0、9.0～9.5、≥9.5）进入地力评价系统。

⑥ 有效磷。按其含量（毫克/千克）从高到低依次分为 6 级（＞25.00、20.1～25.00、15.1～20.00、10.1～15.0、5.1～10.0、≤5.00）进入地力评价系统。

⑦ 速效钾。按其含量（毫克/千克）从高到低依次分为 6 级（＞200、151～200、101～150、81～100、51～80、≤50）进入地力评价系统。

3. 农田基础设施条件

（1）灌溉保证率：指降水不足时的有效补充程度，是提高作物产量的有效途径，分为充分满足，可随时灌溉；基本满足，在关键时期可保证灌溉；一般满足，大旱之年不能保证灌溉；无灌溉条件 4 种情况。

（2）梯（园）田化水平：按园田化和梯田类型及其熟化程度分为地面平坦、园田化水平高，地面基本平坦、园田化水平较高，高水平梯田，缓坡梯田、熟化程度 5 年以上，新修梯田，坡耕地 6 种类型。

二、评价方法及流程

（一）耕地地力评价

1. 技术方法

（1）文字评述法：对一些概念性的评价因子（如地形部位、土壤母质、质地构型、土壤质地、梯田化水平、盐渍化程度等）进行定性描述。

（2）专家经验法（德尔菲法）：山西省农业厅土壤肥料工作站邀请山西农业大学资源环境学院、山西省农业科学院农业环境与资源研究所、各市县具有一定学术水平和农业生产实践经验的土壤肥料界的 17 名专家，参与评价因素的筛选和隶属度确定（包括概念型和数值型评价因子的评分），见表 2-1。

表 2-1　各评价因子专家打分意见

因　子	平均值	众数值	建议值
立地条件（C_1）	1.2	1（15）	1
土体构型（C_2）	3.2	3（9）5（6）	3
较稳定的物理性状（C_3）	3.5	3（6）5（9）	4
易变化的化学性状（C_4）	2.3	2（6）3（10）	2
农田基础建设（C_5）	1.0	1（16）	1
地形部位（A_1）	1.3	1（14）	1
成土母质（A_2）	3.2	3（6）4（10）	3
地面坡度（A_3）	2.1	2（9）3（7）	2
耕层厚度（A_4）	3.0	3（10）4（6）	3
耕层质地（A_5）	3.4	3（9）5（7）	3
有机质（A_6）	2.7	2（5）3（11）	3
盐渍化程度（A_7）	3.1	3（9）4（7）	3
pH（A_8）	4.0	4（8）5（8）	4
有效磷（A_9）	2.3	2（4）3（11）	2
速效钾（A_{10}）	3.2	4（5）5（8）	3
灌溉保证率（A_{11}）	1.2	1（16）	1

（3）模糊综合评判法：应用这种数理统计的方法对数值型评价因子（如地面坡度、有效土层厚度、耕层厚度、土壤容重、有机质、有效磷、速效钾、pH、灌溉保证率等）进行定量描述，即利用专家给出的评分（隶属度）建立某一评价因子的隶属函数，见表 2-2。

（4）层次分析法：用于计算各参评因子的组合权重。本次评价把耕地生产性能（即耕地地力）作为目标层（G 层），把影响耕地生产性能的立地条件、土体构型、较稳定的物理性状、易变化的化学性状、农田基础设施条件作为准则层（C 层），再把影响准则层中各因素的项目作为指标层（A 层），建立耕地地力评价层次结构图。在此基础上，由 17 名专家分别对不同层次内各参评因素的重要性作出判断，构造出不同层次间的判断矩阵。最后计算出各评价因子的组合权重。

表 2-2　河津市耕地地力评价数值型因子分级及其隶属度

| 评价因子 | 量纲 | 一级 | 二级 | 三级 | 四级 | 五级 | 六级 |
		量值	量值	量值	量值	量值	量值
地面坡度	°	<2.0	2.0~5.0	5.1~8.0	8.1~15.0	51.1~25.0	≥25
耕层厚度	厘米	>30	26~30	21~25	16~20	11~15	≤10
有机质	克/千克	>25.0	20.01~25.00	15.01~20.00	10.01~15.00	5.01~10.00	≤5.00
pH	无	6.7~7.0	7.1~7.9	8.0~8.5	8.6~9.0	9.1~9.5	≥9.5
有效磷	毫克/千克	>25.0	20.1~25.0	15.1~20.0	10.1~15.0	5.1~10.0	≤5.0
速效钾	毫克/千克	>200	151~200	101~150	81~100	51~80	≤50
灌溉保证率		充分满足	基本满足	基本满足	一般满足	无灌溉条件	

（5）指数和法：采用加权法计算耕地地力综合指数，即将各评价因子的组合权重与相应的因素等级分值（即由专家经验法或模糊综合评判法求得的隶属度）相乘后累加，如：

$$IFI = \sum B_i \times A_i (i = 1,2,3,\cdots,15)$$

式中：IFI——耕地地力综合指数；

　　　　B_i——第 i 个评价因子的等级分值；

　　　　A_i——第 i 个评价因子的组合权重。

2. 技术流程

（1）应用叠加法确定评价单元：把基本农田保护区规划图、土地利用现状图、土壤图 3 图叠加形成的图斑作为评价单元。

（2）空间数据与属性数据的连接：用评价单元图分别与各个专题图叠加，为每一评价单元获取相应的属性数据。根据调查结果，提取属性数据进行补充。

（3）确定评价指标：根据全国耕地地力调查评价指数表，由山西省土壤肥料工作站组织 17 名专家，采用德尔菲法和模糊综合评判法确定河津市耕地地力评价因子及其隶属度。

（4）应用层次分析法确定各评价因子的组合权重。

（5）数据标准化：计算各评价因子的隶属函数，对各评价因子的隶属度数值进行标准化。

（6）应用累加法计算每个评价单元的耕地地力综合指数。

（7）划分地力等级：分析综合地力指数分布，确定耕地地力综合指数的分级方案，划分地力等级。

（8）归入农业部地力等级体系：选择 10％的评价单元，调查近 3 年粮食单产（或用基础地理信息系统中已有资料），与以粮食作物产量为引导确定的耕地基础地力等级进行相关分析，找出两者之间的对应关系，将评价的地力等级归入农业部确定的等级体系（NY/T 309—1996 全国耕地类型区、耕地地力等级划分）。

（9）采用 GIS、GPS 系统编绘各种养分图和地力等级图等图件。

三、评价标准体系建立

(一)耕地地力评价标准体系建立

1. 耕地地力要素的层次结构　耕地地力要素层次结构见图2-2。

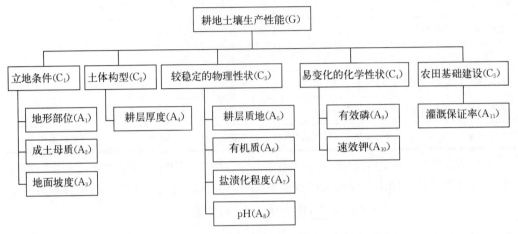

图2-2　耕地地力要素层次结构

2. 耕地地力要素的隶属度

(1)概念性评价因子：各评价因子的隶属度及其描述见表2-3。

表2-3　河津市耕地地力评价概念性因子隶属度及其描述

地形部位	描述	河漫滩	一级阶地	二级阶地	高阶地	垣地	洪积扇(上、中、下)		倾斜平原	梁地	峁地	坡麓	沟谷
	隶属度	0.7	1.0	0.9	0.7	0.4	0.4	0.6	0.8	0.8	0.2	0.2	0.1	0.6
母质类型	描述	洪积物		河流冲积物	黄土状冲积物		残积物		保德红土		马兰黄土		离石黄土	
	隶属度	0.7		0.9	1.0		0.2		0.3		0.5		0.6	
耕层质地	描述	沙土		沙壤		轻壤		中壤		重壤		黏土			
	隶属度	0.2		0.6		0.8		1.0		0.8		0.4			

盐渍化程度	描述		无	轻度	中度	重度
		苏打为主，<0.1%	0.1%~0.3%	0.3%~0.5%	≥0.5%
		全盐量	氯化物为主，<0.2%	0.2%~0.4%	0.4%~0.6%	≥0.6%
			硫酸盐为主，<0.3%	0.3%~0.5%	0.5%~0.7%	≥0.7%
	隶属度	1.0		0.7	0.4	0.1

灌溉保证率	描述	充分满足	基本满足	一般满足	无灌溉条件
	隶属度	1.0	0.7	0.4	0.1

(2)数值型评价因子：各评价因子的隶属函数（经验公式）见表2-4。

表 2-4　河津市耕地地力评价数值型因子隶属函数

函数类型	评价因子	经验公式	C	U_t
戒下型	地面坡度（°）	$y=1/[1+6.492\times10^{-3}\times(u-c)^2]$	3.00	$\geqslant25.00$
戒上型	耕层厚度（厘米）	$y=1/[1+4.057\times10^{-3}\times(u-c)^2]$	33.80	$\leqslant10.00$
戒上型	有机质（克/千克）	$y=1/[1+2.912\times10^{-3}\times(u-c)^2]$	28.40	$\leqslant5.00$
戒下型	pH	$y=1/[1+0.515\,6\times(u-c)^2]$	7.00	$\geqslant9.50$
戒上型	有效磷（毫克/千克）	$y=1/[1+3.035\times10^{-3}\times(u-c)^2]$	28.80	$\leqslant5.00$
戒上型	速效钾（毫克/千克）	$y=1/[1+5.389\times10^{-5}\times(u-c)^2]$	228.76	$\leqslant50.00$

3. 耕地地力要素的组合权重　应用层次分析法计算的各评价因子的组合权重见表 2-5。

表 2-5　河津市耕地地力评价因子层次分析结果

指标层		准则层					组合权重
		C_1	C_2	C_3	C_4	C_5	$\sum C_iA_i$
		0.400 6	0.067 4	0.168 3	0.116 6	0.247 1	1.000 0
A_1	地形部位	0.572 8					0.229 5
A_2	成土母质	0.167 5					0.067 1
A_3	地面坡度	0.259 7					0.104 0
A_4	耕层厚度		1.000 0				0.067 4
A_5	耕层质地			0.338 9			0.057 0
A_6	有机质			0.197 2			0.033 2
A_7	盐渍化程度			0.275 8			0.046 4
A_8	pH			0.188 1			0.031 6
A_9	有效磷				0.698 1		0.081 4
A_{10}	速效钾				0.301 9		0.035 3
A_{11}	灌溉保证率					1.000 0	0.247 1

4. 耕地地力分级标准　河津市耕地地力分级标准见表 2-6。

表 2-6　河津市耕地地力等级标准

等　级	生产能力综合指数
一级地	$\geqslant0.85$
二级地	$0.79\sim0.85$
三级地	$0.68\sim0.79$
四级地	$0.58\sim0.68$
五级地	$\leqslant0.58$

第六节　耕地资源管理信息系统建立

一、耕地资源管理信息系统的总体设计

耕地资源管理信息系统以一个县行政区域内的耕地资源为管理对象，应用 GIS 技术对辖区内的地形、地貌、土壤、土地利用、农田水利、土壤污染、农业生产基本情况、基本农田保护区等资料进行统一管理，构建耕地资源基础信息系统，并将此数据平台与各类管理模型结合，对辖区内的耕地资源进行系统的动态管理，为农业决策者、农民和农业技术人员提供耕地质量动态变化、土壤适宜性、施肥咨询、作物营养诊断等多方位的信息服务。

本系统行政单元为村，农田单元为基本农田保护块，土壤单元为土种，系统基本管理单元为土壤、基本农田保护块、土地利用现状图叠加所形成的评价单元。

1. 系统结构　见图 2-3。

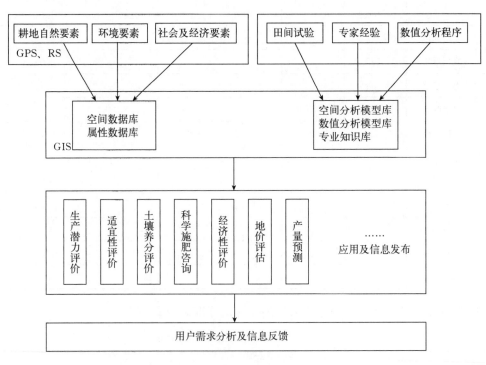

图 2-3　耕地资源管理信息系统结构

2. 县域耕地资源管理信息系统建立工作流程　见图 2-4。

3. CLRMIS 软、硬件配置

（1）硬件：P5 及其兼容机，≥1G 的内存，≥20G 的硬盘，A4 扫描仪，彩色喷墨打印机。

（2）软件：Windows 2000/XP，Excel 2000/XP 等。

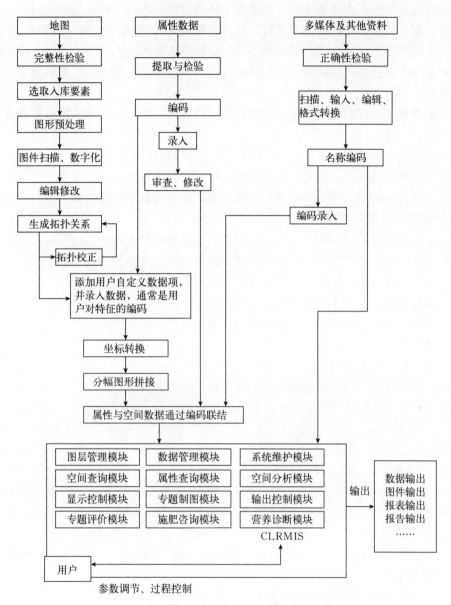

图 2-4　县域耕地资源管理信息系统建立工作流程

二、资料收集与整理

1. 图件资料收集与整理　图件资料指印刷的各类地图、专题图以及商品数字化矢量和栅格图。图件比例尺为 1∶50 000 和 1∶10 000。

（1）地形图：统一采用中国人民解放军原总参谋部测绘局测绘的地形图。由于近年来公路、水系、地形地貌等变化较大，因此采用水利、公路、规划、国土等部门的有关最新图件资料对地形图进行修正。

（2）行政区划图：由于近年撤乡并镇等工作致使部分地区行政区划变化较大，因此按最新行政区划进行修正，同时注意名称、拼音、编码等的一致。

（3）土壤图及土壤养分图：采用第二次土壤普查成果图。

（4）基本农田保护区现状图：采用国土资源局（以下简称国土局）最新划定的基本农田保护区图。

（5）地貌类型分区图：根据地貌类型将辖区内农田分区，采用第二次土壤普查分类系统绘制成图。

（6）土地利用现状图：采用 2009 年第二次土地调查成果及现状图。

（7）土壤肥力监测点点位图：在地形图上标明准确位置及编号。

（8）土壤普查土壤采样点点位图：在地形图上标明准确位置及编号。

2. 数据资料收集与整理

（1）基本农田保护区一级、二级地块登记表，国土局基本农田划定资料。

（2）其他有关基本农田保护区划定统计资料，国土局基本农田划定资料。

（3）近几年粮食单产、总产、种植面积统计资料（以村为单位）。

（4）其他农村及农业生产基本情况资料。

（5）历年土壤肥力监测点田间记载及化验结果资料。

（6）历年肥情点资料。

（7）县、乡、村名编码表。

（8）近几年土壤、植株化验资料（土壤普查、肥力普查等）。

（9）近几年主要粮食作物、主要品种产量构成资料。

（10）各乡历年化肥销售、使用情况。

（11）土壤志、土种志。

（12）特色农产品分布、数量资料。

（13）当地农作物品种及特性资料，包括各个品种的全生育期、大田生产潜力、最佳播期、移栽期、播种量、栽插密度、100 千克籽粒需氮量、需磷量、需钾量等，以及品种特性介绍。

（14）一元、二元、三元肥料肥效试验资料，计算不同地区、不同土壤、不同作物品种的肥料效应函数。

（15）不同土壤、不同作物基础地力产量占常规产量比例资料。

3. 文本资料收集与整理。

（1）河津市及各乡（镇）基本情况描述。

（2）各土种性状描述，包括其发生、发育、分布、生产性能、障碍因素等。

4. 多媒体资料收集与整理

（1）土壤典型剖面照片。

（2）土壤肥力监测点景观照片。

（3）当地典型景观照片。

（4）特色农产品介绍（文字、图片）。

（5）地方介绍资料（图片、录像、文字、音乐）。

三、属性数据库建立

（一）属性数据内容

CLRMIS 主要属性资料及其来源见表 2-7。

表 2-7　CLRMIS 主要属性资料及其来源

编号	名称	来源
1	湖泊、面状河流属性表	水利局
2	堤坝、渠道、线状河流属性数据	水利局
3	交通道路属性数据	交通局
4	行政界线属性数据	农业委员会
5	耕地及蔬菜地灌溉水、回水分析结果数据	农业委员会
6	土地利用现状属性数据	国土局、卫星图片解译
7	土壤、植株样品分析化验结果数据表	本次调查资料
8	土壤名称编码表	土壤普查资料
9	土种属性数据表	土壤普查资料
10	基本农田保护块属性数据表	国土局
11	基本农田保护区基本情况数据表	国土局
12	地貌、气候属性表	土壤普查资料
13	县乡村名编码表	统计局

（二）属性数据分类与编码

数据的分类编码是对数据资料进行有效管理的重要依据。编码的主要目的是节省计算机内存空间，便于用户理解使用。地理属性进入数据库之前进行编码是必要的，只有进行了正确编码的空间数据库才能实现与属性数据库的正确连接。编码格式有英文字母与数字组合。本系统主要采用数字表示的层次型分类编码体系，它能反映专题要素分类体系的基本特征。

（三）建立编码字典

数据字典是数据库应用设计的重要内容，是描述数据库中各类数据及其组合的数据集合，也称元数据。地理数据库的数据字典主要用于描述属性数据，它本身是一个特殊用途的文件，在数据库整个生命周期里都起着重要的作用。它避免重复数据项的出现，并提供了查询数据的唯一入口。

（四）数据库结构设计

属性数据库的建立与录入可独立于空间数据库和 GIS 系统，可以在 Access、dBase、Foxbase 和 Foxpro 下建立，最终统一以 dBase 的 dbf 格式保存入库。下面以 dBase 的 dbf 数据库为例进行描述。

1. 湖泊、面状河流属性数据库 lake. dbf

字段名	属性	数据类型	宽度	小数位	量纲
lacode	水系代码	N	4	0	代码
laname	水系名称	C	20		
lacontent	湖泊储水量	N	8	0	万立方米
laflux	河流流量	N	6		立方米/秒

2. 堤坝、渠道、线状河流属性数据 stream. dbf

字段名	属性	数据类型	宽度	小数位	量纲
ricode	水系代码	N	4	0	代码
riname	水系名称	C	20		
riflux	河流、渠道流量	N	6		立方米/秒

3. 交通道路属性数据库 traffic. dbf

字段名	属性	数据类型	宽度	小数位	量纲
rocode	道路编码	N	4	0	代码
roname	道路名称	C	20		
rograde	道路等级	C	1		
rotype	道路类型	C	1		（黑色/水泥/石子/土地）

4. 行政界线（省、市、县、乡、村）属性数据库 boundary. dbf

字段名	属性	数据类型	宽度	小数位	量纲
adcode	界线编码	N	1	0	代码
adname	界线名称	C	4		

adcode	name
1	国界
2	省界
3	市界
4	县界
5	乡界
6	村界

5. 土地利用现状属性数据库* landuse. dbf

* 土地利用现状分类表。

字段名	属性	数据类型	宽度	小数位	量纲
lucode	利用方式编码	N	2	0	代码
luname	利用方式名称	C	10		

6. 土种属性数据表* soil. dbf

* 土壤系统分类表。

字段名	属性	数据类型	宽度	小数位	量纲
sgcode	土种代码	N	4	0	代码
stname	土类名称	C	10		
ssname	亚类名称	C	20		
skname	土属名称	C	20		
sgname	土种名称	C	20		
pamaterial	成土母质	C	50		
profile	剖面构型	C	50		

土种典型剖面有关属性数据：

text	剖面照片文件名	C			40
picture	图片文件名	C			50
html	HTML 文件名	C			50
video	录像文件名	C			40

7. 土壤养分（pH、有机质、氮等）**属性数据库 nutr****. dbf**

本部分由一系列的数据库组成，视实际情况不同有所差异，如在盐碱土地区还包括盐分含量及离子组成等。

（1）pH 库 nutrph. dbf：

字段名	属性	数据类型	宽度	小数位	量纲
code	分级编码	N	4	0	代码
number	pH	N	4	1	

（2）有机质库 nutrom. dbf：

字段名	属性	数据类型	宽度	小数位	量纲
code	分级编码	N	4	0	代码
number	有机质含量	N	5	2	百分含量

（3）全氮量库 nutrN. dbf：

字段名	属性	数据类型	宽度	小数位	量纲
code	分级编码	N	4	0	代码
number	全氮含量	N	5	3	百分含量

（4）速效养分库 nutrP. dbf：

字段名	属性	数据类型	宽度	小数位	量纲
code	分级编码	N	4	0	代码
number	速效养分含量	N	5	3	毫克/千克

8. 基本农田保护块属性数据库 farmland. dbf

字段名	属性	数据类型	宽度	小数位	量纲
plcode	保护块编码	N	7	0	代码
plarea	保护块面积	N	4	0	亩
cuarea	其中耕地面积	N	6		
eastto	东至	C	20		
westto	西至	C	20		
sorthto	南至	C	20		
northto	北至	C	20		
plperson	保护责任人	C	6		
plgrad	保护级别	N	1		

9. 地貌*、气候属性表 landform. dbf

* 地貌类型编码表。

字段名	属性	数据类型	宽度	小数位	量纲
landcode	地貌类型编码	N	2	0	代码
landname	地貌类型名称	C	10		
rain	降水量	C	6		

10. 基本农田保护区基本情况数据表 （略）

11. 县、乡、村名编码表

字段名	属性	数据类型	宽度	小数位	量纲
vicodec	单位编码-县内	N	5	0	代码
vicoden	单位编码-统一	N	11		
viname	单位名称	C	20		
vinamee	名称拼音	C	30		

（五）数据录入与审核

数据录入前仔细审核，数值型资料注意量纲、上下限，地名应注意汉字多音字、繁简体、简全称等问题，审核定稿后再录入。录入后仔细检查，保证数据录入无误后，将数据库转为规定的格式（dbase 的 dbf 格式文件），再根据数据字典中的文件名编码命名后保存在规定的子目录下。

文字资料以 TXT 格式命名保存，声音、音乐以 WAV 或 MID 文件保存，超文本以 HTML格式保存，图片以 BMP 或 JPG 格式保存，视频以 AVI 或 MPG 格式保存，动画以 GIF 格式保存。这些文件分别保存在相应的子目录下，其相对路径和文件名录入相应的属性数据库中。

四、空间数据库建立

（一）数据采集的工艺流程

在耕地资源数据库建设中，数据采集的精度直接关系到现状数据库本身的精度和今后的应用，数据采集的工艺流程是关系到耕地资源信息管理系统数据库质量的重要基础工作。因此对数据的采集制订了一个详尽的工艺流程。首先，对收集的资料进行分类检查、整理与预处理；其次，按照图件资料介质的类型进行扫描，并对扫描图件进行扫描校正；再次，进行数据的分层矢量化采集、矢量化数据的检查；最后，对矢量化数据进行坐标投影转换与数据拼接工作以及数据、图形的综合检查和数据的分层与格式转换。具体数据采集的工艺流程见图 2-5。

（二）图件数字化

1. 图件的扫描　由于所收集的图件资料为纸介质的图件资料，所以采用灰度法进行扫描，扫描的精度为 300 dpi。扫描完成后将文件保存为 *.TIF 格式。在扫描过程中，为了保证扫描图件的清晰度和精度，对图件先进行预扫描。在预扫描过程中，检查扫描图件的清晰度，其清晰度必须能够区分图内的各要素，然后利用 Contex Fss8300 扫描仪自带的 CAD image/scan 扫描软件进行角度校正，角度校正后必须保证图幅下方两个内图廓点的连线与水平线的角度误差小于 $0.2°$。

2. 数据采集与分层矢量化　对图形的数字化采用交互式矢量化方法，确保图形矢量化的精度。在耕地资源管理信息系统数据库建设中需要采集的要素有点状要素、线状要素和面状要素。由于所采集的数据种类较多，所以必须对所采集的数据按不同类型进行分层采集。

（1）点状要素的采集：点状要素可以分为两种类型，一种是零星地类，另一种是注记点。零星地类包括一些有点位的点状零星地类和无点位的零星地类。对于有点位的零星地类，在数据的分层矢量化采集时，将点标记置于点状要素的几何中心点；对于无点位的零星地类在分层矢量化采集时，将点标记置于原始图件的定位点。农化点位、污染源点位等注记点的采集按照原始图件资料中的注记点，在矢量化过程中一一标注相应的位置。

（2）线状要素的采集：在耕地资源图件资料上的线状要素主要有带有宽度的线状地物界、地类界、行政界线、权属界线、土种界、等高线等，对于不同类型的线状要素，进行

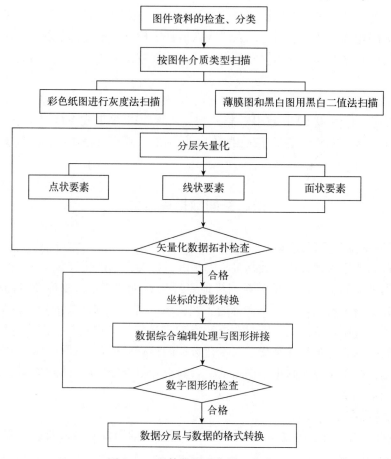

图2-5 具体数据采集的工艺流程

分层采集。线状地物主要是指道路、水系、沟渠等，在数据采集时考虑到有些线状地物由于其宽度较宽，如一些较大的河流、沟渠，它们在地图上可以按照图件资料的宽度比例表示；有些线状地物，如一些道路和水系，由于其宽度不能在图上表示，在采集其数据时，则按栅格图上线状地物的中轴线来确定其在图上的实际位置。对地类界、行政界、土种界和等高线数据的采集，保证其封闭性和连续性。线状要素按照其种类不同分层采集、分层保存，以备数据分析时进行利用。

（3）面状要素的采集：面状要素要在线状要素采集后，通过建立拓扑关系形成区后进行，由于面状要素是由行政界线、权属界线、地类界线和一些带有宽度的线状地物界等结状要素所形成的一系列的闭合性区域，其主要包括行政区、权属区、土壤类型区等图斑。所以对于不同的面状要素，应采用不同的图层对其进行数据采集。考虑到实际情况，将面状要素分为行政区层、地类层、土壤层等图斑层。将分层采集的数据分层保存。

（三）矢量化数据的拓扑检查

由于在矢量化过程中不可避免地要存在一些问题，因此，在完成图形数据的分层矢量化以后，要进行下一步工作前，必须对分层矢量化的数据进行拓扑检查。拓扑检查主要是完成以下几方面的工作：

1. 消除在矢量化过程中存在的一些悬挂线段　在线状要素的采集过程中，为了保证线段完全闭合，某些线段可能出现相互交叉的情况，这些均属于悬挂线段。在进行悬挂线段的检查时，首先使用 MapGIS 的线文件拓扑检查功能，自动对其检查和清除，如果不能自动清除的，则对照原始图件资料进行手工修正。对线状要素进行矢量化数据检查完成以后，随即由作图员对矢量化的数据与原始图件资料相对比进行检查，如果在检查过程中发现有一些通过拓扑检查不能解决的问题，或矢量化数据的精度不符合要求的，或者是某些线状要素存在着一定的位移而难以校正的，则对其中的线状要素进行重新矢量化。

2. 检查图斑和行政区等面状要素的闭合性　图斑和行政区是反映一个地区耕地资源状况的重要属性，在对图件资料中的面状要素进行数据的分层矢量化采集时，由于图件资料所涉及的图斑较多，有可能存在着一些图斑或行政界的不闭合情况，可以利用 MapGIS 的区文件拓扑检查功能，对矢量化采集过程中所保存的一系列区文件进行拓扑检查。拓扑检查可以消除大多数区文件的不闭合情况。对于不能自动消除的，通过与原始图件资料的相互检查，进一步消除其不闭合情况。如果通过拓扑检查，可以消除在矢量化过程中所出现的上述问题，则进行下一步工作，如果拓扑检查以后还存在一些问题，则对其进行重新矢量化，以确保系统建设的精度。

（四）坐标的投影转换与图件拼接

1. 坐标转换　在进行图件的分层矢量化采集过程中，所建立的是图面坐标系（单位为毫米），而在实际应用中，则要求建立平面直角坐标系（单位为米）。因此，必须利用 MapGIS 所提供的坐标转换功能，将图面坐标转换成为正投影的大地直角坐标系。在坐标转换过程中，为了保证数据的精度，可根据提供数据源的图件精度的不同，采用不同的质量控制方法进行坐标转换工作。

2. 投影转换　县级土地利用现状数据库的数据投影方式采用高斯投影，也就是将进行坐标转换以后的图形资料，按照大地坐标系的经纬度坐标进行转换，以便以后进行图件拼接。在进行投影转换时，对 1:10 000 土地利用图件资料，投影的分带宽度为 3°。但是根据地形的复杂程度、行政区的跨度和图幅的具体情况，对于部分图形采用非标准的 3°分带高斯投影。

3. 图件拼接　河津市提供的 1:10 000 土地利用现状图是采用标准分幅图，在系统建设过程中应把图幅进行拼接。在图幅拼接检查过程中，相邻图幅间的同名要素误差应小于1 毫米，这时移动其任何一个要素进行拼接，同名要素间距在 1~3 毫米的处理方法是将两个要素各自移动一半，在中间部分结合，这样图幅拼接就完全满足了精度要求。

五、空间数据库与属性数据库的连接

MapGIS 系统采用不同的数据模型分别对属性数据和空间数据进行存储管理，属性数据采用关系模型，空间数据采用网状模型。两种数据的连接非常重要。在一个图幅工作单元 Coverage 中，每个图形单元由一个标识码来唯一确定。同时一个 Coverage 中可以若干个关系数据库文件即要素属性表，用以完成对 Coverage 的地理要素的属性描述。图形单元标识码是要素属性表中的一个关键字段，空间数据与属性数据以此字段形成关联，完成对地图的模拟。这种关联使 MapGIS 的两种模型联成一体，可以方便地从空间数据检索属性数据或者从属性数据检索空间数据。

对属性与空间数据的连接采用的方法是：在图件矢量化过程中，标记多边形标识点，建立多边形编码表，并运用 MapGIS 将用 Foxpro 建立的属性数据库自动连接到图形单元中，这种方法可由多人同时进行工作，速度较快。

第三章 耕地土壤属性

第一节 耕地土壤类型

一、土壤类型及分布

根据全国第二次土壤普查，1983 年山西省第二次土壤普查土壤工作分类系统，河津市土壤共分三大土类，6 个亚类，17 个土属，50 个土种。根据 1985 年修订的山西省第二次土壤普查土壤工作分类系统，河津市土壤分为三大土类，5 个亚类，13 个土属，31 个土种。其分布受地形、地貌、水文、地质条件影响，随地形呈明显变化。表 3-1 中分类是按 1985 年分类系统分类；土壤类型特征及主要生产性能中的分类是按照 1983 年标准分类，土类、亚类、土属、土种后面括号中即是 1985 年标准分类；本章除注明数据为本次调查测定外，其余数据及文字内容均为第二次土壤普查的资料数据。河津市土壤分布见表 3-1，本次耕地土壤调查分布情况见表 3-2，河津市新旧土种对照见表 3-3。

表 3-1 河津市土壤分布状况（1985 年修订的第二次土壤普查数据）

土类	面积（亩）	亚类面积（亩）	分布
褐土	562 800	褐土性土 383 712	山地褐土分布于清涧街道办事处、樊村、僧楼等山区乡（镇）的基岩山区的下部地带；褐土性土分布于低土石山区、山前倾斜平原、洪积扇以及残垣沟壑地带，涉及全市 9 个乡（镇、街道办事处）
		石灰性褐土 179 088	主要分布于南北两垣及汾河、黄河二级阶地
潮土	154 452	潮土 134 733	分布于黄河、汾河沿岸一级阶地较上
		盐化潮土 19 719	主要分布于汾河一级阶地及河漫滩上
风沙土	27 341	风沙土 27 341	分布在黄河东岸的禹门风口一带，海拔 400 米左右
三大土类	744 593	744 593	

表 3-2 河津市耕地土壤面积分布（本次调查耕地土壤数据）

土类	面积（亩）	亚类	面积（亩）
褐土	247 499.72	褐土性土	227 091.45
		石灰性褐土	20 408.27
潮土	64 928.24	潮土	55 350.19
		盐化潮土	9 578.05
风沙土	7 394.55	风沙土	7 394.55
三大土类	319 822.51	319 822.51	

表 3-3 河津市新旧土种对照表

代号	旧土种	新土种
1	薄层花岗片麻岩质山地褐土	沙石砾土
2	中度侵蚀黄土质褐土性土	垣坡立黄土
3	强度侵蚀黄土质褐土性土	二合立黄土
4	中壤深位中厚红黄土层耕种黄土质褐土性土	红立黄土
5	中壤中度侵蚀耕种黄土质褐土性土	耕立黄土
6	中壤少料姜耕种黄土质褐土性土	耕少姜立黄土
7	轻壤轻度侵蚀耕种黄土质褐土性土	耕立黄土
8	灌溉沙壤耕种黄土质褐土性土	耕立黄土
9	重壤中料姜耕种洪积黄土质褐土性土	少姜洪立黄土
10	中壤深位中厚料姜耕种洪积黄土质褐土性土	少姜洪立黄土
11	中壤深位砾石层耕种洪积黄土质褐土性土	二合底砾洪立黄土
12	轻壤浅位厚砾石层耕种洪积黄土质褐土性土	二合夹砾洪立黄土
13	沙壤多砾石耕种洪积黄土质褐土性土	多砾洪立黄土
14	轻壤沟淤褐土性土	沟淤土
15	沙壤沟淤褐土性土	沟淤土
16	沙壤多砾石沟淤褐土性土	沟淤土
17	中壤浅位中沙砾层耕种灌淤褐土性土	黏灌淤土
18	中壤深位中厚沙砾层耕种灌淤褐土性土	黏灌淤土
19	轻壤耕种灌淤褐土性土	灌淤土
20	中壤耕种灌淤褐土性土	灌淤土
21	重壤耕种灌淤褐土性土	黏灌淤土
22	中壤浅位薄黏土层耕种灌淤褐土性土	灌淤土
23	中壤耕种灌淤碳酸盐褐土	二合黄垆土
24	沙壤浅位中黏化层耕种洪淤碳酸盐褐土	深黏黄垆土
25	沙壤深位中黏化层耕种洪淤碳酸盐褐土	夹沙黄垆土

（续）

代号	旧土种	新土种
26	灌溉中壤浅位中黏化层耕种黄土质碳酸盐褐土	浅黏垆黄垆土
27	灌溉中壤浅位厚黏化层耕种黄土质碳酸盐褐土	浅黏垆黄垆土
28	灌溉重壤深位中厚黏化层耕种黄土质碳酸盐褐土	深黏垆黄垆土
29	中壤浅位厚黏化层耕种黄土质碳酸盐褐土	浅黏垆黄垆土
30	中壤深位中厚黏化层耕种黄土质碳酸盐褐土	深黏垆黄垆土
31	轻壤浅位中黏化层耕种黄土状碳酸盐褐土	浅黏黄垆土
32	轻壤浅位厚黏化层耕种黄土状碳酸盐褐土	浅黏黄垆土
33	轻壤深位中厚黏化层耕种黄土状碳酸盐褐土	深黏黄垆土
34	沙壤深位中厚黏化层中层风积耕种风积沙型碳酸盐褐土	深黏黄垆土
35	沙壤深位中厚黏化层厚层风积耕种风积沙型碳酸盐褐土	耕河沙土
36	通体沙土浅色草甸土	河沙潮土
37	轻壤底黏耕种浅色草甸土	底黏潮土
38	轻壤腰黏耕种浅色草甸土	蒙金潮土
39	通体重壤耕种浅色草甸土	耕二合潮土
40	重壤底沙耕种浅色草甸土	底沙黏潮土
41	通体沙土耕种浅色草甸土	沙潮土
42	沙壤腰黏耕种浅色草甸土	沙潮土
43	中壤体沙中度苏打盐化浅色草甸土	耕中白盐潮土
44	中壤夹黏轻度苏打盐化浅色草甸土	耕轻白盐潮土
45	中壤底沙轻度苏打盐化浅色草甸土	重碱潮土
46	中壤中度氯化物硫酸盐盐化浅色草甸土	重白盐潮土
47	重壤轻度氯化物硫酸盐盐化浅色草甸土	重白盐潮土
48	沙壤耕种风沙土	耕河沙土
49	固定风沙土	耕河沙土
50	半固定风沙土	河沙土

二、土壤类型特征及主要生产性能

（一）褐土

褐土为河津市的地带性土壤类型，也是主要的农业土壤。广泛分布在山区、垣地、高阶地及山前倾斜平原上，海拔在 400～1 354 米，包括 9 个乡（镇、街道办事处）。面积为 562 800 亩，占普查面积的 75.59%。

褐土主要受温暖带半干旱季风气候的影响，夏季高温多雨，冬、春季干寒多风。在这种特定的气候条件下，土壤具有一定的淋溶作用，黏粒和碳酸钙在心土层聚集而形成黏化层和钙积层。土壤碳酸钙含量一般在 5.8%～16.8%，pH 多在 8.0～8.5。

褐土因地势较高，地下水埋藏深，地下水基本不参与土壤的形成过程。具有稳定的地带性土壤发育条件和土壤的初期发育特征。根据河津市褐土的发育阶段，该土类划分为褐土性土和石灰性褐土 2 个亚类。

1. 褐土性土　褐土性土广泛分布于全市的低土石山区、山前倾斜平原、洪积扇以及残垣沟壑地带。面积为 383 712 亩，占普查面积的 51.53%，涉及全市 9 个乡（镇、街道办事处）。由于分布地形坡降大，海拔高低悬殊，水土流失严重，黏粒下移不明显，但有淀积趋向。钙积作用明显，碳酸钙含量丰富。根据母质类型和人为因素以及地域性因子的差异，本亚类可分为 5 个土属。

（1）黄土质褐土性土（耕立黄土）：主要分布于残垣沟壑及低土石山陡坡地带，发育在风积的马兰黄土母质上。面积 67 605 亩，占普查面积的 9.08%。由于坡度大、侵蚀严重，土壤发育较差，现为荒坡草灌生长区域。土壤颜色为灰黄色至灰棕色，土体上下质地均一，呈屑粒至块状结构。根据侵蚀程度，该土属可划分为 2 个土种。

① 中度侵蚀黄土质褐土性土（代号 2）（垣坡立黄土）。面积为 41 043 亩，占普查面积的 5.51%。

② 强度侵蚀黄土质褐土性土（代号 3）（二合立黄土）。面积为 26 562 亩，占普查面积的 3.57%。

黄土质褐土性土改良利用的主要方向是进行荒坡植树种草，搞好小流域治理，控制或减少水土流失。

（2）耕种黄土质褐土性土：主要分布于低土石山区和台垣斜坡地带。面积为 145 133 亩，占普查面积的 19.49%。母质为黄土质，经长期侵蚀冲刷切割，地面坡度在 5°～25°。具有轻度至中度侵蚀，致使沟壑纵横、田面破碎。土体淋溶作用较弱，发育层次不明显。现多修为梯田，农业利用多种植小麦，一年一作，产量水平较低。根据侵蚀程度、质地、埋藏土层深度、料姜含量及灌溉条件的差异划分为 5 个土种。

① 中壤深位中厚红黄土层耕种黄土质褐土性土（代号 4）（红立黄土）。主要分布于下化乡的土石低山区，面积为 7 117 亩，占普查面积的 0.96%。表层为马兰黄土，黄土覆盖厚度为 56 厘米，质地中壤，耕层厚度 21 厘米，屑粒状结构。其下为埋藏的红色黄土层，厚为 64 厘米，质地属重壤土，有中量菌丝状石灰淀积物，土色棕红色-暗红棕色，块状结构。底土层为淡黄褐色的中壤土。全剖面石灰反应强。土壤侵蚀中度，坡度 25°左右。

② 中壤中度侵蚀耕种黄土质褐土性土（代号 5）（耕立黄土）。主要分布在下化乡低山区，面积为 70 113 亩，占普查面积的 9.41%。由于坡度大、侵蚀严重，淋溶作用极不明显，黏粒及碳酸钙无明显淀积。土壤肥力较低。该类土壤虽然不断被人类耕作和培肥，但由于侵蚀频繁，土壤保肥保水能力差，肥力低下。因此农业利用较为困难，仅适于发展经济林或林粮间作。

③ 中壤少料姜耕种黄土质褐土性土（代号 6）（耕少姜立黄土）。主要分布于下化乡的下化、周家湾、南桑峪等村，面积为 27 504 亩，占普查面积的 3.69%。该土壤通体为中壤质，含有 5%～10%的料姜。地面坡度为 20°，中度侵蚀，水土流失严重。耕层浅薄，

仅 19 厘米，下层坚硬致密。其生产性能与耕种灌淤褐土性土基本相似，利用方向亦相同。

④ 轻壤轻度侵蚀耕种黄土质褐土性土（代号 7）（耕立黄土）。分布于柴家、小梁、城区、清涧、赵家庄、僧楼、樊村 7 个乡（镇、街道办事处）的垣坡地带。面积为 31 579 亩，占普查面积的 4.24%。地面坡度较小，侵蚀较轻。土壤有轻微的淋溶淀积现象，剖面新土层有少量石灰淀积物。

小梁乡马家庄村弓脑地剖面形态特征如下：

0～22 厘米：灰褐色的屑粒状轻壤土，疏松多孔，植物根系多，石灰反应强烈。

22～50 厘米：浅灰褐色的块状轻壤土，稍紧实，植物根系多，石灰反应强。

50～85 厘米：黄褐色的轻壤土，棱块状结构，稍紧实，植物根系中量，石灰反应强烈，有中量石灰淀积物。

85～150 厘米：灰黄色的块状轻壤土，较紧实，植物根系少，中度石灰反应。

该土壤质地偏轻，上下土层差异不大，土壤保肥力差，特别是作物生长后期供肥性差。但该土耕性良好，适耕期较长。

⑤ 灌溉沙壤耕种黄土质褐土性土（代号 8）（耕立黄土）。主要分布于城区街道办事处市区以东的北垣沟壑谷口。面积为 8 820 亩，占普查面积的 1.19%。全剖面多为沙壤土，耕层厚度 24 厘米。水利条件优越，保浇，施肥、耕作方便，作物产量较高。但易漏水漏肥，造成作物脱肥早衰。

耕种黄土质褐土性土耕性良好，适耕期长。但由于地面坡度大，侵蚀严重，土壤肥力极低，农业生产收益甚小，应进行林粮间作或退耕还林，营造经济林，提高利用率。

本次耕地地力调查，耕立黄土的有机质为 16.44 克/千克，全氮 0.68 克/千克，有效磷 14.22 毫克/千克，速效钾 171.89 毫克/千克，有效铜 0.82 毫克/千克，有效锰 11.02 毫克/千克，有效锌 1.57 毫克/千克，有效铁 5.57 毫克/千克，有效硼 0.80 毫克/千克，有效硫 28.28 毫克/千克。

（3）耕种洪积黄土褐土性土：主要分布于山前倾斜平原和垣坡脚地带。系洪水冲积堆积的黄土物质，面积 40 125 亩，占普查面积的 5.39%。土体中多有砾石料姜层，土质较粗。根据土体构型差异，可分为 5 个土种。

① 重壤中料姜耕种洪积黄土质褐土性土（代号 9）（少姜洪立黄土）。主要分布于僧楼镇的小张村、北王村一带和清涧街道办的事处康家庄村等村。面积为 3 427 亩，占普查面积的 0.46%。由于分布地势较低，土质偏黏，多为重壤土。土壤中含有 5%～10% 的料姜，碳酸钙含量亦较高，达 30% 以上。17 厘米以下的土体中，细小黏粒含量极低，说明黏粒基本上不发生淋溶下移。但碳酸钙却淋溶淀积，形成明显的钙积层，根据剖面观察记载，17 厘米以下的层次中含有中量至多量的菌丝体。该土种土质黏重，阳离子代换量较高，土壤保肥保水性强，但土性冷凉，难以耕种。作物生长前期易缺苗断垄、后期易徒长贪青晚熟。

② 中壤深位中厚料姜耕种洪积黄土质褐土性土（代号 10）（少姜洪立黄土）。分布于樊村镇西樊村一带。面积 2 155 亩，占普查面积的 0.29%。该土料姜主要出现在 100 厘米以下的底土层，其含量在 5%～10%，但上部亦有少量小料姜。全剖面为均质中壤土，生产性能较好。

③ 中壤深位砾石层耕种洪积黄土质褐土性土（代号 11）（二合底砾洪立黄土）。分布于清涧街道办事处和僧楼镇等地的山前洪积区。面积为 8 464 亩，占普查面积的 1.14%。该土种表土为中壤，耕层厚度为 16 厘米，70 厘米以下出现 40 厘米厚的砾石层，砾石层以上可见到白色假菌丝体，说明该土具有一定的淋溶淀积作用。该土层耕性较好。但土体中含较厚的砾石层，漏水漏肥，土体干旱，养分贫乏，农业生产水平较低。

④ 轻壤浅位厚砾石层耕种洪积黄土质褐土性土（代号 12）（二合底砾洪立黄土）。分布于僧楼镇的阎家洞、史家窑一带的洪积扇上部，面积为 4 467 亩，占普查面积的 0.6%。由于受洪水堆积作用较强，覆盖土层较薄，仅 35 厘米。35 厘米以下为砾石层，厚度大于 100 厘米。僧楼镇张吴村椿树湾地的典型剖面描述如下：

0～15 厘米：灰褐色的屑粒状轻壤土，疏松多孔，湿润，植物根系多，石灰反应强，有少量小砾石。

15～35 厘米：浅棕褐色的块状轻壤土，稍紧实，湿润，石灰反应强，植物根系多，小砾石含量少。

35 厘米以下：砾石层。

该土种土层浅薄，砾石多，质地轻，耕性好，但保水保肥力极差，渗漏严重。农业生产水平低，收效甚微。

⑤ 沙壤多砾石耕种洪积黄土质褐土性土（代号 13）（多砾洪立黄土）。分布于清涧街道办事处、僧楼镇、樊村镇等地的山前洪积扇的上部地带。面积为 21 612 亩，占普查面积的 2.9%。此土全剖面为均质沙壤，并有一定数量的砾石。土壤结构性差，土质粗，保水保肥性极差，养分含量少，通透性强，土温变化快，容易干旱，属热性土。现大部为弃耕地，局部已为草灌植被所覆盖。应种植牧草、植树造林或栽桑养蚕加以改良。

总之，耕种洪积黄土褐土性土受洪积作用强烈，土体中夹有砾石或料姜层而且厚度较大，对农业生产的影响较为严重。应退耕还林，提高单位面积的经济效益。

（4）沟淤褐土性土：主要分布于河津市南北两垣的沟壑底部，系淤积的坡积物。面积 28 937 亩，占普查面积的 3.89%。土壤质地多为轻壤或沙壤，部分土体中含有较多的砾石。由于土壤淤积频繁，成土过程不断被打断，土壤发育微弱或无发育。加之一度盲目毁林种田，致使昔日的枣树沟已沦为淤泥地，农业种植受到较大限制。现已部分新建为果园枣林，为林业所利用。根据土体构型及质地差异分 3 个土种。

① 轻壤沟淤褐土性土（代号 14）（沟淤土）。分布于小梁乡、清涧街道办事处、僧楼镇等地的沟壑底部，呈狭窄长条带状分布。面积为 3 380 亩，占普查面积的 0.45%。土壤质地为均质轻壤土，无明显发育特征。由于土体承受上部洪水的堆积侵蚀，其侵入体较杂，如碳粒、砖块、砾石等物体均有。土壤剖面中有机质含量较高，在 1.5 米深的土体中其含量超过 1%，土壤肥力较高。

② 沙壤沟淤褐土性土（代号 15）（沟淤土）。分布于小梁乡、柴家乡、城区街道办事处、赵家庄乡等地的沟谷底部。面积为 24 608 亩，占普查面积的 3.31%。全剖面为浅灰褐色的沙壤土，小块至块状结构，有中度石灰反应。

③ 沙壤多砾石沟淤褐土性土（代号 16）（沟淤土）。主要分布于城区街道办事处、僧楼镇、赵家庄乡等地的沟谷地带。面积为 949 亩，占普查面积的 0.13%。全剖面均为沙

壤土，并夹有 10％左右的小砾石，土壤无明显发育层次。质地较粗，养分贫乏，土壤肥力低。

本次耕地地力调查，沟淤褐土性土的有机质为 18.57 克/千克，全氮 0.83 克/千克，有效磷 21.55 毫克/千克，速效钾 207.62 毫克/千克，有效铜 1.17 毫克/千克，有效锰 13.56 毫克/千克，有效锌 1.81 毫克/千克，有效铁 5.62 毫克/千克，有效硼 1.11 毫克/千克，有效硫 33.17 毫克/千克。

总之，沟淤褐土性土受上部沟坡不断冲积、淤积的影响，土壤发育极不稳定，农作物种植受到一定限制。应在进行沟坡小流域综合治理、基本控制水土流失的基础上，对沟谷底部坝地植树造林，合理利用土地资源。

（5）耕种灌淤褐土性土：主要分布于河津市山前倾斜平原区，是在洪积黄土物质上通过灌溉淤积因素的影响，发育形成的一种土壤。面积 101 912 亩，占普查面积的 13.69％。具有独特的形成规律，多沿沟渠与等高线成垂直分布状态。

该土属的形成主要受遮马峪、瓜峪山洪影响。由于引洪灌淤倾斜平原中上部渠底多低于田面，较粗的物质多沉淀于渠道，粉沙土多沉于渠道两侧，依次的沉淀物为轻壤-中壤-重壤。因而，土壤界线常与等高线垂直而与渠道平行。

该土属的成土母质来源于黄土物质，碳酸钙含量一般在 9.2％～13％。黏粒和碳酸钙有移动现象，心土、底土层间或可见到白色假菌丝状的石灰淀积物。全剖面石灰反应强烈，无明显发育特征和发育层次。根据质地差异与土体构型特征可分为 6 个土种。

① 中壤浅位中沙砾层耕种灌淤褐土性土（代号 17）（黏灌淤土）。主要分布于僧楼镇的南方平村大涧末端。面积 577 亩，占普查面积的 0.08％。表层质地为中壤土，耕层厚度 23 厘米，其下为 36 厘米厚的沙砾层，影响作物的根系生长并降低土壤的保水保肥能力，产量低而不稳。

② 中壤深位中厚沙砾层耕种灌淤褐土性土（代号 18）（黏灌淤土）。分布于僧楼镇的北午芹村、忠信村等村。面积为 1 499 亩，占普查面积的 0.20％。表土为中壤土，耕层厚度 20 厘米左右，在土体 83 厘米以下出现大于 50 厘米厚的沙砾层，影响土壤的生产性能。

本次耕地地力调查，黏灌淤土的有机质为 29.47 克/千克，全氮 0.95 克/千克，有效磷 18.37 毫克/千克，速效钾 235.01 毫克/千克，有效铜 1.11 毫克/千克，有效锰 13.85 毫克/千克，有效锌 1.59 毫克/千克，有效铁 6.07 毫克/千克，有效硼 1.26 毫克/千克，有效硫 40.84 毫克/千克。

③ 轻壤耕种灌淤褐土性土（代号 19）（灌淤土）。分布于僧楼镇、小梁乡、樊村镇等乡（镇）。面积为 10 378 亩，占普查面积的 1.39％。质地为轻壤土，易耕易种，适耕期长，耕性好，通透性强，但保水保肥性稍差，土壤肥力较低。

④ 中壤耕种灌淤褐土性土（代号 20）（灌淤土）。主要分布于樊村镇、僧楼镇、赵家庄乡、清涧街道办事处等地的山前倾斜平原的下部地带。面积 53 641 亩，占普查面积的 7.2％。地势平坦，通体中壤，土质优良，易耕易种，易抓全苗，通透性好，保肥性一般，土壤较肥沃。

本次耕地地力调查，灌淤土的有机质为 23.66 克/千克，全氮 0.88 克/千克，有效磷 17.54 毫克/千克，速效钾 238.51 毫克/千克，有效铜 1.04 毫克/千克，有效锰 13.06 毫克/千克，有效锌 1.46 毫克/千克，有效铁 5.55 毫克/千克，有效硼 1.12 毫克/千克，有效硫 33.72 毫克/千克。

该土种的淋溶淀积作用极不明显，说明土壤发育微弱或无发育。土壤养分含量的总趋势是表层高于心土、底土层，随深度的增加含量递减。但由于其他因素而引起层次间发生变异，如土壤中的磷含量表土层就低于心土、底土层，这主要是由于耕作、培肥使土壤磷素分解、释放，被作物吸收利用所致。土壤氮、磷含量偏低，加之土壤中碳酸钙的含量较多，对磷的释放有一定的抑制作用，故土壤养分贫乏。土壤的阳离子代换量较小，影响保肥、供肥性，但土壤有机质含量较高，保水供水性较好，孔隙状况优良，大小孔隙比例协调。

⑤ 重壤耕种灌淤褐土性土（代号 21）（黏灌淤土）。主要分布于樊村镇、僧楼镇、赵家庄乡、清涧街道办事处等地的倾斜平原的下部地带。面积为 35 551 亩，占普查面积的 4.78%。受灌淤作用较强，土质黏重，通体为重壤土，耕性不良，但土体养分含量高。阳离子代换量大，保肥性强。

该土淋溶与淀积作用极不明显，土壤无发育。该土质地虽属重壤土，但有机质含量高，土壤肥沃，结构好。表土疏松，容重较小，孔隙状况良好。早春土壤持水量高，温度回升慢，属凉性土。

⑥ 中壤浅位薄黏土层耕种灌淤褐土性土（代号 22）（灌淤土）。主要分布于樊村镇的常好村。面积为 266 亩，仅占普查面积的 0.04%。耕层厚度为 17 厘米，质地中壤，耕层下为 13 厘米厚的黏土层。黏土层以下仍为中壤土。黏土层紧实致密，且出现部位浅。虽然可以起到托水托肥的作用，但影响作物根系的下扎和生长。在多雨季节还易阻止水分下渗，形成内涝（即根涝）。因此应加深耕层，破除黏土犁底层。

总之，灌淤褐土性土质地适中，耕性良好，适耕期长，保水保肥较好，并兼有沟灌方便等特点，是一种较好的农业土壤。为全市主要的粮食生产基地之一。但由于长期浅耕，耕层浅薄，且有坚硬的犁底层，加之沙砾层位浅，以及土壤养分失调、含量较低等因素影响，致使作物产量不高。

河津市褐土性土的形态特征归纳如下：

第一，多分布于高低悬殊较大的低山丘陵、山前倾斜平原及台垣坡上。具有程度不同的土壤侵蚀。

第二，土壤淋溶淀积微弱，无明显发育层次。

第三，土体干燥，有水土流失现象。

第四，碳酸钙含量高，多呈强石灰反应，pH 大于 8.2。

2. 石灰性褐土 石灰性褐土是河津市地带性土壤褐土的典型亚类。主要分布于南北两垣及汾河、黄河二级阶地。面积 179 088 亩，占普查面积的 24.06%。是河津市农耕土壤的主要类型和粮、棉生产基地。由于分布地势高，地面平缓，地下水不参与土壤的形成过程，水土流失轻微。受生物气候条件的影响，具有较稳定的褐土发育条件，石灰性褐土发育于富含石灰的黄土物质上，在季节性降水的作用下，土壤重力水向下渗漏，碳酸钙黏粒以及易溶性物质也随之向下淋溶，但由于蒸发作用很强，致使这种淋溶不能充分进行，而在某一层位深度发生淀积，形成白色假菌丝体的钙积层和棕褐色的黏化层。黏化层质地多为重壤（或中壤、轻壤）土、棱块状结构，养分含量较高，细小黏粒（<0.001 毫米）含量一般高出上层 20％，质地相差一级以上。钙积层多位于黏化层以下或黏、钙同层，碳酸钙含量一般为 15％左右，最高可达 20％以上，为土种鉴别的主要诊断特征。

石灰性褐土可根据母质差异划分为 4 个土属。

（1）耕种洪淤碳酸盐褐土：耕种洪淤碳酸盐褐土主要分布于南北两垣沟壑前沿的开阔地带，呈东西长条状分布在黄河和汾河二级阶地上。面积为 58 042 亩，占普查面积的 7.8％。海拔 376～420 米，地下水位 5～30 米。成土母质为近代洪积、淤积物，由南北两垣沟壑坡地土壤受侵蚀洪积、淤积而成。土壤质地南北有异，北垣质地多较粗、为沙壤土；南垣属黄土物质，多为中壤土。黏粒和碳酸钙移动明显，土壤的心土、底土层可见到较多的白色假菌丝状的石灰淀积物，细小黏粒含量是上层的两倍，黏化特征明显。根据土壤发育程度上的差异分为 3 个土种。

① 中壤耕种洪淤碳酸盐褐土（代号 23）（二合黄垆土）。主要分布于清涧街道办事处的清涧村、侯家庄村、范家庄村一带和城区街道办事处的高家湾等村。面积为 4 212 亩，占普查面积的 0.57％。耕层厚度为 18 厘米，通体中壤，浅灰褐色至棕褐色，屑粒-块状结构，全剖面强石灰反应。受洪水淤积作用的影响，土壤较肥沃，养分含量较高。但土壤阳离子代换量小，保肥性低。碳酸钙含量偏高，土壤的磷素供应受到限制。该土耕层较浅，加深耕层可以充分发挥土壤生产的潜在能力。

② 沙壤浅位中黏化层耕种洪淤碳酸盐褐土（代号 24）（深黏黄垆土）。主要分布于柴家乡、城区街道办事处、阳村乡、清涧街道办事处、樊村镇等地。面积为 39 011 亩，占普查面积的 5.24％。表层为 49 厘米厚的沙壤土，其下为 23 厘米厚的中壤黏化层，棱柱状结构，土壤棕褐色。黏化层以下为 21 厘米厚的轻壤土和 57 厘米厚的重壤土，并有少量霜状石灰淀积物。全剖面中至强石灰反应，通体有少量碳渣侵入。

该土种 0～49 厘米质地偏沙，疏松易耕，适种作物广，好发苗。但 49 厘米以下的土质偏黏，可起到托水托肥的作用。故该土壤肥力较高，阳离子代换量小，保肥性差，但土壤通气透水性良好，气、热状况协调，孔隙较适宜，属温性土，是较理想的耕作土壤类型。

③ 沙壤深位中黏化层耕种洪淤碳酸盐褐土（代号 25）（夹沙黄垆土）。主要分布于城区街道办事处、柴家乡、清涧街道办事处等地。面积为 14 819 亩，占普查面积的 1.99％。全剖面多为沙壤或沙土。在 81 厘米以下出现 22 厘米厚的轻壤黏化层，块状结构，颜色为浅棕褐色，有少量白色假菌丝状的石灰积淀物。说明细小黏粒比上层高出两倍，碳酸钙高出 2.7％，阳离子代换量也高出 2.2％，土壤养分的含量表现尤为突出。该土种由于发育弱、质地粗，土壤的保肥性差，通透性强，温度变化快，属热性土。土粒间大孔隙多、小孔隙少，比例不协调。造成土壤保水供水性降低，抗旱性减弱，给作物高产带来极大的限制作用。

总之，耕种洪淤碳酸盐褐土分布地势低平，具有较优越的水肥条件，加之受洪淤影响，土壤多较肥沃，具有较高的生产水平。但由于质地较粗，阳离子代换量小，土壤的保水保肥性和供水供肥性差，肥劲短促，作物易脱肥早衰。因此，应加强中后期的水肥管理，并注意在施肥或灌溉上采取少量多次的方法，以防水肥渗漏。

（2）耕种黄土质碳酸盐褐土：该土属是石灰性褐土亚类的典型土属。主要分布于赵家庄乡、城区街道办事处、僧楼镇、清涧街道办事处、樊村镇、小梁乡、柴家乡等地。面积为94 501亩，占普查面积的12.69%。海拔460～487米，地下水位50～70米。母质为马兰黄土，地势平缓。耕层厚度20厘米左右，质地中壤。心土、底土层多出现棕褐色的黏化层，厚度不等，质地多属重壤土，物理性黏粒含量大于50%，高者达60%以上，棱块状结构。钙积层位于黏化层以下，碳酸钙含量较高，最高可达20%以上，土体中有数量不等的假菌丝状石灰淀积物。根据土壤的发育程度和水分状况，可分为5个土种。

① 灌溉中壤浅位中黏化层耕种黄土质碳酸盐褐土（代号26）（浅黏垣黄垆土）。主要分布于小梁乡小停村一带。面积为2 793亩，占普查面积的0.38%。

耕层厚度21厘米左右，质地中壤，屑粒状结构。黏化层出现在40厘米以下，棕褐色，重壤，棱柱状结构，厚度36厘米，有较多的霜状石灰淀积物。其下为中壤土。全剖面强石灰反应。耕性较好，保水保肥性强。一年两作，生产水平较高。

② 灌溉中壤浅位厚黏化层耕种黄土质碳酸盐褐土（代号27）（浅黏垣黄垆土）。分布于赵家庄乡、清涧街道办事处、樊村镇、僧楼镇、城区街道办事处等地。面积为20 661亩，占普查面积的2.77%。耕层厚24厘米，质地中壤。黏化层出现在48厘米以下，厚度大于50厘米。具有较好的生产性能和较高的生产水平。

本次耕地地力调查，浅黏垣黄垆土的有机质为20.16克/千克，全氮0.92克/千克，有效磷21.39毫克/千克，速效钾215.02毫克/千克，有效铜1.13毫克/千克，有效锰13.80毫克/千克，有效锌1.55毫克/千克，有效铁5.54毫克/千克，有效硼1.14毫克/千克，有效硫36.05毫克/千克。

③ 灌溉重壤深位中厚黏化层耕种黄土质碳酸盐褐土（代号28）（深黏垣黄垆土）。分布于小梁乡、赵家庄乡、柴家乡、樊村镇等地的垣低平处。面积为31 467亩，占普查面积的4.22%。耕层厚度16厘米，质地重壤，屑粒状结构。58厘米以下出现黏化层，厚度为24厘米，棱块状结构，有多量假菌丝状的石灰淀积物。

该土种由于所处地势低平，在灌溉和其他因素作用下，质地较黏，受淋溶作用，土体中发生相应的淀积层次，黏化现象较明显。该土壤肥力较高，养分含量较多，保肥性好，但土壤通透性较差，土性冷凉，有机质分解转化慢，供肥差。肥力前劲小后劲足，易造成后期旺长，贪青晚熟。由于该土壤质地黏重，耕性不良，适耕期短，不易发苗。毛管孔隙多，非毛管孔隙少，土壤升温慢，属凉性土。土壤的持水能力强，保水供水性好。

④ 中壤浅位厚黏化层耕种黄土质碳酸盐褐土（代号29）（浅黏垣黄垆土）。分布于赵家庄乡、僧楼镇、城区街道办事处、小梁乡等地。面积为30 061亩，占普查面积的4.04%。耕层厚度22厘米，质地中壤。土体构造与灌溉中壤浅位厚黏化层耕种黄土质碳酸盐褐土相同。

该土壤养分含量不高，虽然表层速效磷含量较高，但土壤全磷量较低。另外，土壤阳离子代换量偏低，保肥性能差，土壤肥力不高，加之无水利条件，土体干旱，故农业利用较差，多为一年一作。今后应种植绿肥或豆科作物，进行粮肥（或豆）轮作，走有机旱作道路。

⑤ 中壤深位中厚黏化层耕种黄土质碳酸盐褐土（代号30）（深黏垣黄垆土）。主要分

布于僧楼镇和赵家庄乡。面积为 9 519 亩，占普查面积的 1.28%。土体构造同灌溉重壤深位中厚黏化层耕种黄土质碳酸盐褐土，生产性能与中壤浅位厚黏化层耕种黄土质碳酸盐褐土基本相似。

本次耕地地力调查，深黏垆黄垆土的有机质为 21.06 克/千克，全氮 0.90 克/千克，有效磷 20.32 毫克/千克，速效钾 245.05 毫克/千克，有效铜 1.05 毫克/千克，有效锰 13.15 毫克/千克，有效锌 1.55 毫克/千克，有效铁 5.49 毫克/千克，有效硼 1.28 毫克/千克，有效硫 34.49 毫克/千克。

总之，耕种黄土质碳酸盐褐土易耕易种，具有较好的保水保肥和供水供肥性能，气、热状况协调，多属温性土。构型多为"蒙金型"，生产性能较好，产量水平较高。局部无水利条件的土壤产量较低，应加强土壤培肥，以肥调水，提高作物产量。

（3）耕种黄土状碳酸盐褐土：耕种黄土状碳酸盐褐土主要分布于汾河、黄河二级阶地上。面积为 10 837 亩，占普查面积的 1.46%。海拔 380～420 米，地下水位 20～40 米。该土属是在早期冲积的黄土状物质上发育而成。土层深厚，质地适中，富含碳酸钙，石灰反应强烈。土壤黏粒和碳酸钙向下移动，发生淀积形成较明显的黏化层。黏化层土色棕褐，质地中壤，棱柱状结构，有较多的白色假菌丝体，碳酸钙含量是上层的 1.7 倍，细小黏粒含量是上层的 1.4 倍。黄土状碳酸盐褐土受早期冲积、堆积的影响，成土时间较短，其土体构型均为轻壤-中壤（黏化层）-轻壤。根据黏化层出现的部位，划分为 3 个土种。

① 轻壤浅位中黏化层耕种黄土状碳酸盐褐土（代号 31）（浅黏黄垆土）。主要分布在柴家乡的山王村一带。面积为 1 549 亩，占普查面积的 0.21%。其耕层厚度在 25 厘米左右，质地轻壤，屑粒状结构，38 厘米以下为 20～50 厘米厚的黏化层，棕褐色，质地中壤，棱柱状结构；其下为轻壤土。全剖面强石灰反应。

该土种易耕种，适种作物广。保水、保肥及供水、供肥性能一般，但水、肥条件优越，产量水平较高。

② 轻壤浅位厚黏化层耕种黄土状碳酸盐褐土（代号 32）（浅黏黄垆土）。主要分布于柴家乡的下牛、丁家、山王、庄头等村。面积为 3 873 亩，占普查面积的 0.52%。表层质地轻壤，38 厘米以下为大于 50 厘米的黏化层；其下的底土为轻壤土。黏化层和钙积层出现于同一部位，性状明显，可供鉴别。

在黄土状物质上发育的黏化层较厚，但发育程度还较弱，钙积现象较明显。土壤阳离子的代换量较小，保肥性低，土壤养分含量较多，加之水分条件优越，产量水平较高。

③ 轻壤深位中厚黏化层耕种黄土状碳酸盐褐土（代号 33）（深黏黄垆土）。分布于柴家乡的山王、北张、吴村等村。面积为 5 415 亩，占普查面积的 0.73%。地势平坦，耕层厚度在 22 厘米左右，质地轻壤，56 厘米以下为厚度大于 20 厘米的黏化层，其厚度多在 40 厘米左右。质地中壤，底土为轻壤土。该土壤土质优良，具有较好的生产性能，作物产量较高。

总之，耕种黄土状碳酸盐褐土质地适中，耕性良好，适种作物广，保水、保肥及供水、供肥性能较好，水、气、热状况协调。加之水、肥条件优越，具有较高的生产水平，是一种理想的农作土壤。今后应采取配方施肥，调整作物布局，用养结合，不断提高作物产量。

（4）耕种风积沙型碳酸盐褐土：耕种风积沙型碳酸盐褐土分布于河津市南垣的小梁乡西部、禹门峡谷风口的正面。面积为 15 708 亩，占普查面积的 2.11%。海拔 485 米左右，地下水位 70 米。该土属在形成过程中主要受禹门口风沙的影响。覆盖厚度一般大于 50 厘米，质地沙壤，其中，粒径大于 0.05 毫米的占 23%，粒径 0.05～0.01 毫米的占 53.3%，粒径小于 0.01 毫米的物理性黏粒占 18%。土壤呈微碱性，盐基饱和，石灰反应强烈。表层碳酸钙含量在 9% 左右。心土、底土层受淋溶影响含量较低。风积沙型碳酸盐褐土的质地较粗，黏粒和碳酸钙及其他易溶性物质淋溶较深。一般在 70 厘米以下出现黏化层，并伴有白色假菌丝状的石灰淀积物。钙积层的淀积范围可能更深，从剖面化验结果中看不出明显的钙积层次。该土属根据风积沙对土壤覆盖厚度分为 2 个土种。

① 沙壤深位中厚黏化层中层风积耕种风积沙型碳酸盐褐土（代号 34）（深黏黄垆土）。分布于小梁乡的刘村、寨上、胡家堡等村。面积为 11 912 亩，占普查面积的 1.60%。耕层厚度在 20 厘米左右，质地沙壤。风积沙土的覆盖厚度大于 50 厘米。黏化层出现在 90 厘米以下，质地轻壤偏中。在土体 60～90 厘米的土层中出现碳酸钙淀积物，数量较多。典型剖面形态特征如下：

0～20 厘米：浅灰褐色的屑粒状沙壤土，疏松多孔，植物根系多，石灰反应强烈。

20～60 厘米：浅灰褐色的块状沙壤土，较紧实，中量孔隙，植物根系多，强石灰反应。

60～90 厘米：浅棕褐色，轻壤偏沙、棱块状、紧实，少孔隙，有少量霜状碳酸钙淀积物，中量植物根系，石灰反应强。

90～150 厘米：棕褐色的棱块状轻壤土，紧实少孔，植物根系少，石灰反应强。

该土种成土时间短，风积过程间断进行，土壤熟化程度差，发育层次虽较明显，但发育程度较弱。由于土质偏沙，通透性强，土壤有机质矿质化快，土壤养分含量低。土壤阳离子代换量小，保肥、保水性差，土壤瘠薄。加之土体干旱缺水，风蚀严重，作物产量较低。

② 沙壤深位中厚黏化层厚层风积耕种风积沙型碳酸盐褐土（代号 35）（耕河沙土）。主要分布于小梁乡的西梁等村。面积为 3 796 亩，占普查面积的 0.51%。耕层厚度大于 20 厘米的黏化层，质地轻壤。该土壤的生产性能基本与沙壤深位中厚黏化层中层风积耕种风积沙型碳酸盐褐土相同，但保水保肥及供水供肥性则更差。

总之，耕种风积沙型碳酸盐褐土质地较轻，耕性良好，易发苗。但保苗和供给水、肥能力较差，肥劲短促，易使作物脱肥早衰。适于种植耐旱、早熟的作物。今后应大量增施有机肥料，种植绿肥。合理轮作倒茬，提高土壤肥力。

石灰性褐土是褐土的典型亚类，其基本特征可归纳为以下几点：

第一，多分布于二级阶地和黄土台垣区。地下水较深，地势平缓，具有稳定的褐土发育条件。

第二，土体中具有较明显的黏化层和钙积层，可供鉴别。

第三，土体多为"蒙金型"，保水保肥。

第四，富含碳酸钙，石灰反应强烈。

第五，土体干燥，气、热状况较好。

（二）草甸土（潮土）

潮土分布于河津市汾河、黄河的一级阶地及河漫滩上。面积为 154 452 亩，占普查面积的 20.74%。是河津市主要的农作土壤和粮、棉、菜生产基地。

潮土是一种受生物气候影响较小、地下水直接参与成土过程的半水成型的隐域性土壤。具有独特的成土过程和剖面形态特征。潮土在自然条件下，常生长喜湿性植物（如车前、芦苇、扒地龙等），现多为农田，自然植被仅散见于田埂边，有机质积累过程不明显。潮土分布区地势平坦，地下水位较高，多为 1.5～2.5 米。受季节性降水和蒸发的影响，土壤经常处于氧化还原状态。特别是铁、铝元素，湿时还原溶解，干时氧化凝聚，土体中常呈现锈纹锈斑，成为潮土的典型诊断特征。潮土的心土、底土层土色浅灰，柱状结构，经过长期的浇水过程，潜育化特征较明显。

河津市潮土主要由汾河、黄河季节性涨水泛滥，改道冲积、淤积而成。土体有明显的冲积层次，沙、壤、黏相间，土体构型无一定规律，但多沿河道两侧呈对称分布。

河津市潮土曾由于汾河注入黄河，局部水流不畅，地下水位升高。在干旱及蒸发量大的气候条件下，土体可溶性盐分聚积地表，在原来草甸化过程中又增加了盐化过程，形成大面积盐碱荒滩。近年来，随着气候干旱、人工大量开采地下水、黄河改道西移、汾河河道裁弯取直和挖沟排水等因素的影响，地下水位不断下降；加之人工种稻植苇，洗盐压碱，大部分土壤已基本脱盐，成为粮、棉高产田。但局部还未根本脱盐，致使作物生长不良和部分土地荒芜。潮土根据其附加的成土过程分为 2 个亚类。

1. 草甸土潮土（潮土）　主要分布于黄河、汾河沿岸一级阶地上。面积为 134 733 亩，占普查面积的 18.09%。海拔 372～376 米，地下水位 1.5～2.5 米。土壤草甸化过程正在继续进行，而且比较明显，心土和底土层有明显的锈纹锈斑，土体潮湿。成土母质为近代河流洪积-冲积物，层次十分明显。冲积物多为黄土物质，富含碳酸钙，石灰反应强烈，pH 在 8.1～8.7。根据农业利用状况，可分为 2 个土属。

（1）浅色草甸土（冲积潮土）：分布于黄河沿岸的河漫滩上，面积为 27 338 亩，占普查面积的 3.67%。部分地区已营造防护林带，树种为刺槐。该土属所处的地势起伏不平，汛期有被淹没冲毁的威胁。成土时间短，受冲积影响强烈，质地较粗，均为沙土，仅有通体沙土浅色草甸土（代号 36）（河沙潮土）1 个土种。浅色草甸土沙性大，保水、保肥和供水、供肥性差，养分贫乏，农业利用较困难。应继续进行规划分区，营造防风林带，种植绿肥牧草，改良土壤。

（2）耕种浅色草甸土（冲积潮土）：主要分布在城区街道办事处、阳村乡、清涧街道办事处等地及黄河滩农场一带。面积为 107 395 亩，占普查面积的 14.42%。成土母质为河流冲积、沉积物，现已垦为农田。成土时间较长，地下潜水升降使氧化与还原交替进行，土体心土、底土层间或可见到铁物质聚积的锈纹锈斑，草甸化特征明显。由于成土母质主要为冲积、沉积物，剖面层理明显、质地差异较大，根据沙黏间层的厚薄及出现深度划分为 6 个土种。

① 轻壤底黏耕种浅色草甸土（代号 37）（底黏潮土）。分布于小梁乡、柴家乡、城区街道办事处、阳村乡等地的汾河一级阶地上。面积为 23 720 亩，占普查面积的 3.19%。耕层厚度 20 厘米，质地轻壤。62 厘米以下出现厚度为 40 厘米左右的重壤土层（即垆土

层），垆土层下为轻壤土。全剖面强石灰反应，冲积层理清晰，草甸化过程明显，在底土层中隐约可见到锈纹锈斑。

该土壤受冲积影响，沉积的土粒较粗，细小黏粒含量极少，质地偏轻，土壤养分含量较低，土壤的阳离子代换量较小，保肥性差；但心土层以下有较厚的垆土层，可以截留土壤的养分和水肥，起到托水、托肥的作用。水、肥条件优越，产量水平较高，是汾河沿岸的高产土壤类型。

本次耕地地力调查，底黏潮土的有机质为 20.86 克/千克，全氮 0.90 克/千克，有效磷 20.36 毫克/千克，速效钾 220.52 毫克/千克，有效铜 1.21 毫克/千克，有效锰 14.01 毫克/千克，有效锌 1.64 毫克/千克，有效铁 7.16 毫克/千克，有效硼 1.51 毫克/千克，有效硫 30.20 毫克/千克。

② 轻壤腰黏耕种浅色草甸土（代号 38）（蒙金潮土）。主要分布于城区街道办事处的修村汾河一级阶地上。面积为 249 亩，占普查面积的 0.03%。耕层厚度在 24 厘米左右，质地轻壤。其下有 24 厘米厚的重壤土层（即垆土）。心土、底土层为轻壤土，全剖面石灰反应强烈。该土壤质地适中，耕性好，保水、保肥及供水、供肥力较强，具有较好的生产性能和生产水平。

③ 通体重壤耕种浅色草甸土（代号 39）（耕二合潮土）。分布于柴家乡、阳村乡等乡（镇）的汾河滩上。面积为 11 482 亩，占普查面积的 1.54%。该土壤分布区地势较低，冲积物的颗粒细小，质地较黏，层次厚达 1 米以上，并在底土层中显现铁质锈斑，表明土壤的草甸化过程正在进行或在间断进行。柴家乡苍底村下斜剖面的形态特征如下：

0～24 厘米：灰褐色的屑粒状重壤土，疏松多孔，植物根系多。

24～52 厘米：灰棕色的块状重壤土，较紧，孔隙稍多，有中量植物根系。

52～80 厘米：灰棕褐色的块状重壤土，较紧，有中量孔隙，植物根系少。

80～110 厘米：浅棕褐色的块状重壤土，较紧实，有中量孔隙，植物根系少。

110～126 厘米：灰褐色的碎块状轻壤土，较松，有中量孔隙，植物根系少。

126～150 厘米：灰褐色的碎块状轻壤土，较松，有中量孔隙和中量铁质锈斑，植物根系少。

全剖面强石灰反应，潮湿，有少量炭渣侵入。

该土种土壤有机质含量较多，土质肥沃；在长期的耕作条件下，土壤结构较好，微团聚体多，具有较好的保水、保肥性。由于地下水位浅，毛管作用强烈，土壤水分较多，土壤的供水性能较好。但土壤热容量大，土壤温度低，土性冷凉，属凉性土。土壤养分解释放慢，发老苗不发小苗，肥劲前小后足，易造成贪青晚熟。

本次耕地地力调查，耕二合潮土的有机质为 20.06 克/千克，全氮 0.90 克/千克，有效磷 19.56 毫克/千克，速效钾 223.09 毫克/千克，有效铜 1.22 毫克/千克，有效锰 13.07 毫克/千克，有效锌 1.78 毫克/千克，有效铁 7.14 毫克/千克，有效硼 1.50 毫克/千克，有效硫 29.24 毫克/千克。

④ 重壤底沙耕种浅色草甸土（代号 40）（底沙黏潮土）。分布于城区街道办事处、小梁乡等地的汾河一级阶地上。面积为 6 539 亩，占普查面积的 0.88%。耕层厚度 20 厘米，土壤表层质地重壤。距地表 79 厘米以下出现厚度大于 50 厘米的沙壤土层。该土质地较

黏，沙壤土出现部位较深，对农业生产影响较小。土壤保水、保肥性及供水、供肥性均较好，具有较高的生产水平。

⑤ 通体沙土耕种浅色草甸土（代号41）（沙潮土）。分布于黄河农场及阳村乡、城区街道办事处、清涧街道办事处、小梁乡、柴家乡等地的黄河、汾河一级阶地上。面积为61 464亩，占普查面积的8.25%。全剖面为通体沙土，无黏结性、可塑性和黏着性。土壤松散，无结构，通透性强，保水、保肥及供水、供肥性极差，漏水、漏肥。肥力极低，土壤风蚀严重，具有形成风沙土的潜在危险。

⑥ 沙壤腰黏耕种浅色草甸土（代号42）（沙潮土）。分布于阳村乡连伯村汾河滩上。面积3 941亩，占普查面积的0.53%。耕层厚23厘米左右，质地沙壤。47厘米以下出现黏土层，终至深度73厘米，厚26厘米。表土沙壤，易耕易种，黏土层能托水托肥，阻隔盐分，是一种较好的耕作土壤类型。

本次耕地地力调查，沙潮土的有机质为12.51克/千克，全氮0.50克/千克，有效磷12.92毫克/千克，速效钾116.67毫克/千克，有效铜0.69毫克/千克，有效锰7.96毫克/千克，有效锌1.82毫克/千克，有效铁5.62毫克/千克，有效硼0.86毫克/千克，有效硫24.39毫克/千克。

总之，耕种浅色草甸土分布地势低平，水肥条件优越，加之地下水位浅，可通过毛管作用供给作物生长。土壤耕性好，保水、保肥及供水、供肥性较好，具有较高的生产水平。

浅色草甸土的基本特征可归纳为以下几点：

第一，多分布于地势低平的一级阶地及河漫滩地带，地下水平高，且参与成土过程，具有明显的草甸化过程。

第二，土体中有较多的锈纹锈斑，潜育层明显清晰。

第三，土体中水多气少，热量不足，土性冷凉，多属凉性土。

第四，具有盐化和风沙覆盖的威胁。

2. 盐化浅色草甸土（盐化潮土） 盐化浅色草甸土主要分布于河津市汾河一级阶地及河漫滩上。面积为19 719亩，占普查面积的2.65%。母质为近代河流冲积物。土壤在草甸化过程中，附加了盐化过程，多与浅色草甸土呈复域分布。

河津市盐化土壤的形成和变迁主要受黄河、汾河两大水系的制约。早期曾由于黄河河床靠近东岸，巨大水道侧渗补给地下水，加之汾河河道弯曲，河水滞流，地下水径流不畅，可溶性盐分随毛管水强烈上升，聚焦地表，形成大面积土壤盐渍化。"冬春白茫茫，夏秋水汪汪"，被迫弃耕荒废或种植芦苇等耐盐喜湿植物。随着黄河河床的西移，汾河河道的裁弯取直，人工大量开采地下水和挖沟排水等工程措施，地下水位已不断下降，由原来的0.5米下降到2.5米以下。目前，大面积土壤基本脱离盐化，成为良田，但局部地域仍未脱盐，呈斑状，危害作物生长。其潜水矿化度为3.2克/升，土壤盐斑最高含盐量可达1.32%，多属表层积盐型。根据土壤的含盐类型及盐分组成分2个土属。

（1）苏打盐化浅色草甸土：该土属主要分布于河津市的城区街道办事处、阳村乡、柴家乡等地的汾河一级阶地及河漫滩上。面积8 851亩，占普查面积的1.19%。地势低洼、盐分含量较高，其盐分组成虽以硫酸盐为主（SO_4^{2-} 含量占总阴离子量的56%），但 CO_3^{2-}

与 HCO₃⁻ 之和大于 Ca²⁺ 与 Mg²⁺ 之和，pH 大于 8.5，苏打对作物和土壤的危害严重。地表景观多呈现白色盐霜和马尿碱斑。根据土壤 0～20 厘米土层的全盐量和土体沙黏间层的排列差异，可分为 3 个土种。

① 中壤体沙中度苏打盐化浅色草甸土（代号 43）（耕中白盐潮土）。分布于城区街道办事处的莲花池和柴家乡的庄头村一带。面积为 3 044 亩，占普查面积的 0.41%。表层质地为中壤土，呈屑粒状结构，土体 43 厘米以下出现中壤层，厚度大于 50 厘米。土壤盐斑面积在 50%～75%，作物缺苗五成以上，生长困难，现多为弃耕地。植被稀少，多生长一些耐盐喜湿的植物。其地表 0～5 厘米的全盐量达 0.75%。该土壤的盐分分布随深度增加而含量递减，呈垂直分布，属表层积盐型。阴离子含量以 SO₄²⁻ 最多，占阴离子总量的 56%；Cl⁻ 含量占 24%，HCO₃⁻ 占 18%；CO₃²⁻ 含量最少，仅占 0.01%。但就其危害程度而言，以苏打盐类最甚。

该土壤受到盐碱危害，特别是苏打的危害，土壤的理化性状变劣。土壤紧实板结，通透性差，耕性不良，养分转化释放慢。土性冷凉，水、气、热状况不协调。属凉性土，应种植绿肥，进行生物改良。

② 中壤夹黏轻度苏打盐化浅色草甸土（代号 44）（耕轻白盐潮土）。分布于河津市的柴家乡、清涧街道办事处、小梁乡等地。面积为 2 341 亩，占普查面积的 0.31%。土壤表层为中壤土，厚度为 34 厘米，其下夹有 13 厘米厚的黏土层，黏土层以下为均质中壤土。剖面表层的全盐含量为 0.37%，一般危害较轻。

③ 中壤底沙轻度苏打盐化浅色草甸土（代号 45）（重碱潮土）。主要分布于柴家乡、城区街道办事处、清涧街道办事处等地。面积为 3 466 亩，占普查面积的 0.47%。盐斑面积占 25% 左右，地表 0～5 厘米全盐量达 0.47%，0～20 厘米土层的加权平均值偏低，属轻度盐化土壤。该土表层质地为中壤土，其厚度为 97 厘米，底土层质地偏沙，为沙壤土，终至深度 243 厘米，仍为沙壤。全剖面润至潮湿，中强度石灰反应，pH 大于 9.0。

总之，苏打盐化浅色草甸土肥力较低，理化性状不良，土性冷凉，生产性能较差。盐碱的危害对土壤和作物的影响极大，应采取生物措施和工程措施相结合的办法，予以改良。

（2）氯化物硫酸盐盐化浅色草甸土：主要分布在小梁乡的西梁村和中湖潮村以及柴家乡、城区街道办事处、清涧街道办事处等地的黄河、汾河滩上。面积 10 868 亩，占普查面积的 1.46%。盐分组成以 SO₄²⁻ 为主，含量约占阴离子总量的 74%；其次为 Cl⁻ 离子，占阴离子总量的 24.3%，故命名为氯化物硫酸盐盐化浅色草甸土。该土因距河近，地下水位较高，为 1～2 米，汛期常被水淹没，故未利用。仅生长一些甜苣、苦头蔓、水蓬等耐盐喜湿的植物。土壤盐分多以盐霜或结皮聚积地表，呈斑、片状分布。由于氯化物硫酸盐较易通过浇水淋失，脱盐速度快，对作物的危害程度也较轻，因此在土种划分时，根据表土 0～5 厘米含盐量和土壤质地差异分 2 个土种。

① 中壤中度氯化物硫酸盐盐化浅色草甸土（代号 46）（重白盐潮土）。主要分布于小梁乡西梁村汾河滩上。面积 4 720 亩，占普查面积的 0.63%。土壤为通体中壤土，盐斑面积达 30% 以上。地表有白色盐霜，0～20 厘米土壤全盐量的加权平均值为 0.41%，地下水矿化度为 0.32 克/升。

② 重壤轻度氯化物硫酸盐盐化浅色草甸土（代号 47）（重白盐潮土）。分布于城区街道办事处、阳村乡等地。面积为 6 148 亩，占普查面积的 0.83％。土壤为通体重壤土，盐化危害较轻，土壤表层的全盐量为 0.3％。由于地势低洼，汛期洪水多聚集淤积于此，故质地黏重，盐分多被淋洗而含盐量较低。

该土壤因经常遭受河水淹没，农业利用受到极大限制。应修筑河堤、围河造地，或种植芦苇等，开展多种经营，提高其利用率。

盐化浅色草甸土的基本特征同浅色草甸土。

（三）风沙土

河津市风沙土成土时间较短，是全市利用率低、农业收入较少的一种土壤类型。主要分布在黄河东岸的禹门风口一带，海拔 400 米左右。面积为 27 341 亩，占普查面积的 3.67％。

风沙土形成区系黄河古道。土质沙，无黏着性、黏结性和可塑性。受风力的作用，沙粒被风力悬运移动，常形成沙丘和沙梁。目前，大部分未被固定而多向东南移动，为荒芜不毛之地。其地貌形态多呈新月状、缓岗状和平铺状，向风坡缓，背风坡陡，相对高差在 1～4 米。

风沙土的矿物质颗粒较粗，通常大于 0.05 毫米的土粒含量占总土粒的 70％以上；0.05～0.01 毫米的土粒大于 20％；0.01 毫米的物理性黏粒含量占 5％左右；小于 0.001 毫米的细小黏粒多在 0.5～1.5％。土壤阳离子代换量小，多在 5 厘摩尔/千克左右，土壤保肥性极差。有机质小于 4 克/千克，最低仅为 0.55 克/千克，土壤肥力极低。风沙土亦具有黄土的富钙特性，土壤中的碳酸钙含量多大于 50 克/千克。并在季节性降水的淋溶下，开始向下移动，在心土、底土层中累积，间或可见到淀积后形成的少量白色假菌丝状的石灰淀积物，有向褐土方向发育的趋势。风沙土仅 1 个亚类，引用其土类名称，属典型亚类。根据风沙土被固定的程度和利用现状划分为 3 个土属。

（1）耕种风沙土：主要分布在阳村乡和清涧街道办事处的沙丘边沿梁地上，呈南北带状分布。面积为 9 565 亩，占普查面积的 1.29％。表层为沙壤土，耕层厚度 16 厘米，全剖面有中度石灰反应。该土成土条件较稳定，具有一定时期的耕种历史，土壤肥力相对较高。改变了原来自然土壤的肥力特征。该土被耕垦后，目前大部分为旱田，少部分为扩浇地。一年一作，主要种植小麦、棉花、花生等。耕种风沙土属仅有沙壤耕种风沙土（代号 48）（耕河沙土）1 个土种。沙壤耕种风沙土的心土、底土层隐约可见到石灰淀积物，表明土壤具有一定的发育程度，有向褐土方向发育的趋势。

该土壤虽然经过人为的耕种、培肥等生产活动，但土壤的肥力较低。这主要是由于土质粗，孔隙大，通透性强，保水保肥性弱；有机质的矿化速率大，养分转化快，不易积累。耕性良好、易发苗，但由于肥劲短促，发小苗不发老苗。该土壤孔隙大，孔隙多，导温率小，温差大，温度变化快，属热性土。水、肥、气、热状况不协调，土壤肥力不高。在灌溉时应控制灌水量，防止过量浇灌造成水肥渗漏。以提高其水肥的经济效益。

耕种风沙土根据其生产性能的特征，可选种耐旱、耐瘠薄、抗风的早熟作物。以便早播种、早收获，同时可进行粮肥轮作，加速土壤熟化，改善土壤的理化性状，提高土壤肥力。

（2）固定风沙土：是在人工措施维持下，保持固定而不再发生移动的一种风沙土类型。主要分布在沙丘两侧梁坡地上。面积为8 998亩，占普查面积的1.21%。该地区东部为近年营造的刺槐林区；西部石嘴湾、苍头岭梁坡地生长着茂密的旱生草本植物，如茵陈、狗尾草、尖草等；少部分为轮耕田。固定风沙土通体为沙土，无结构、无层次，仅有固定风沙土（代号49）（耕河沙土）1个土种。

本耕地地力次调查，耕种风沙土的有机质为19.90克/千克，全氮0.66克/千克，有效磷21.45毫克/千克，速效钾136.09毫克/千克，有效铜0.84毫克/千克，有效锰8.29毫克/千克，有效锌2.36毫克/千克，有效铁6.56毫克/千克，有效硼1.02毫克/千克，有效硫26.32毫克/千克。

由于植树和草本植物的滋生，土壤抗风蚀能力明显增强，地表有极薄的黑褐色结皮层，为粗腐殖质，表明土壤具有一定的肥力和抗风蚀的能力，在不受任何因素影响的条件下，基本上可保持固定状态。该土壤由于环境条件变劣，土性不良，土粒具有无黏性和黏着力、移动性大等特点，目前还不宜开垦种植，可种草育树，营造防风固沙林，逐步加以利用。

（3）半固定风沙土：半固定风沙土常与固定风沙土毗邻分布，呈沙丘状。面积为8 778亩，占普查面积的1.18%。该土为风沙土的初期成土阶段，风沙移动、滚滚黄尘、铺地盖天。沙丘顶部无植物生长，荒芜裸露，仅沙丘间可见到稀疏的旱生草本植物，如狗尾草等。该土壤土体为均质沙土，无结构、无层次。该土属仅有半固定风沙土（代号50）（河沙土）1个土种。

该土壤颗粒较粗，土壤肥力相对较低。根据本次耕地地力调查，河沙土的有机质为16.20克/千克，全氮0.55克/千克，有效磷18.49毫克/千克，速效钾167.61毫克/千克，有效铜0.86毫克/千克，有效锰9.59毫克/千克，有效锌2.33毫克/千克，有效铁6.63毫克/千克，有效硼1.18毫克/千克，有效硫31.96毫克/千克。

半固定风沙土地域、气候条件（区域性气候）较差，环境恶劣。目前农业无法利用，林、牧业利用也受较大限制。改良利用主要以种植耐干旱的沙生植物为主，逐步固定沙丘，自然培肥地力，然后因地制宜地营造乔木和灌木林，或规划为绿肥、牧草基地。

河津市风沙土的基本特征可归纳为以下几点：

第一，质地粗、土质差，无黏结性、黏着力和可塑性，多为单粒，无结构、抗蚀力差，移动性大，稳定性差，多被风力悬运发生移动。

第二，成土时间短，成土过程正在进行。

第三，通透性极强，属热性土。

第四，土壤肥力极低，富钙富钾。在当地生物气候条件影响下，碳酸钙向下淋溶淀积，土壤有向褐土发育的趋势。

第二节 有机质及大量元素

土壤大量元素背景值的表达方式以各统计单元养分汇总结果的算术平均值和标准差来表示，分别以单体N、P、K表示。表示单位：有机质、全氮用克/千克表示；有效磷、速效钾、缓效钾用毫克/千克表示。

土壤有机质、全氮、有效磷、速效钾等以"山西省耕地土壤养分含量分级参数表"为标准各分6个级别，见表3-4。

表3-4　山西省耕地地力土壤养分分级标准

级别	一级	二级	三级	四级	五级	六级
有机质（克/千克）	>25.00	20.01~25.00	15.01~20.00	10.01~15.00	5.01~10.00	≤5.00
全氮（克/千克）	>1.50	1.201~1.50	1.001~1.200	0.701~1.000	0.501~0.70	≤0.50
有效磷（毫克/千克）	>25.00	20.01~25.00	15.1~20.0	10.1~15.0	5.1~10.0	≤5.0
速效钾（毫克/千克）	>250	201~250	151~200	101~150	51~100	≤50
有效硫（毫克/千克）	>200.0	100.1~200	50.1~100.0	25.1~50.0	12.1~25.0	≤12.0
有效铜（毫克/千克）	>2.00	1.51~2.00	1.01~1.51	0.51~1.00	0.21~0.50	≤0.20
有效锰（毫克/千克）	>30.00	20.01~30.00	15.01~20.00	5.01~15.00	1.01~5.00	≤1.00
有效锌（毫克/千克）	>3.00	1.51~3.00	1.01~1.50	0.51~1.00	0.31~0.50	≤0.30
有效铁（毫克/千克）	>20.00	15.01~20.00	10.01~15.00	5.01~10.00	2.51~5.00	≤2.50
有效硼（毫克/千克）	>2.00	1.51~2.00	1.01~1.50	0.51~1.00	0.21~0.50	≤0.20

一、含量与分布

（一）有机质

土壤有机质是土壤肥力的重要物质基础之一。土壤中的动植物、微生物残体和有机肥料是土壤有机质的基本来源。经过微生物分解和再合成的腐殖质是有机质的主要成分，占有机质总量的70%~90%。土壤有机质是植物营养元素的源泉，调节着土壤营养状况，影响着土壤中水、肥、气、热的各种性状。同时，腐殖质参与了植物的生理和生化过程，并且具有对植物产生刺激或抑制作用的特殊功能。有机质还能改善沙土过沙、黏土过紧等不良物理性状，因此，土壤有机质含量通常作为衡量土壤肥力的重要指标。

河津市耕地土壤有机质含量在5.34~45.98克/千克，平均值为20.08克/千克，属二级水平。

（1）不同行政区域：樊村镇平均值最高，为29.83克/千克；其次是清涧街道办事处，平均值为28.59克/千克；最低是下化乡，平均值为15.32克/千克。见表3-5。

（2）不同地形部位：河流一级、二级阶地平均值最高，为20.48克/千克；其次是丘陵低山中、下部及坡麓平坦地，平均值为19.83克/千克；最低是低山丘陵坡地，平均值为16.04克/千克。见表3-6。

（3）不同成土母质：洪积物平均值最高，为22.45克/千克；最低是冲积物，平均值为19.02克/千克。见表3-7。

（4）不同土壤类型：石灰性褐土最高，平均值为23.07克/千克；其次是盐化潮土，平均值为22.50克/千克；潮土最低，平均值为15.67克/千克。见表3-8。

（二）全氮

氮素是植物生长所必需的三要素之一。土壤中氮素的积累，主要来源是动植物残体、施入的肥料、土壤中微生物的固定以及大气降水带入土壤中的氮素。

土壤中氮素的形态有无机态氮和有机态氮两种类型。无机氮很容易被植物吸收利用，是速效性养分，一般占全氮量的5％左右；有机态氮不能直接被植物吸收利用，必须经过微生物的分解转变为无机态氮以后，才能被植物吸收利用，是迟效养分，一般占全氮含量的95％左右。

河津市土壤全氮含量在0.23～1.29克/千克，平均值为0.82克/千克，属四级水平。

（1）不同行政区域：赵家庄乡平均值最高，为0.97克/千克；其次是城区街道办事处，平均值为0.95克/千克；最低是阳村乡，平均值为0.59克/千克。见表3-5。

（2）不同地形部位：河流一级、二级阶地平均值最高，为0.84克/千克；其次是丘陵低山中、下部及坡麓平坦地，平均值为0.80克/千克；最低是山地、丘陵（中、下）部的缓坡地段，地面有一定的坡度，平均值为0.65克/千克。见表3-6。

（3）不同母质：洪积物平均值最高，为0.87克/千克；最低是冲积物，平均值为0.78克/千克。见表3-7。

（4）不同土壤类型：盐化潮土最高，平均值为0.91克/千克；其次是褐土，平均值为0.90克/千克；最低是潮土，平均值为0.65克/千克。见表3-8。

（三）有效磷

磷是动植物体内不可缺少的重要元素。它对动植物的新陈代谢、能量转化、酸碱反应都起着重要作用，磷还可以促进植物对氮素的吸收利用，所以，磷也是植物所需要的"三要素"之一。

1. 全磷量 土壤中磷的总贮量就是土壤全磷量，它分为无机磷化合物（不溶于水）和有机磷化合物两大类，主要以迟效性状态存在。土壤全磷量，虽然和土壤中有效磷的含量不是直线相关，因此不能把土壤全磷量作为土壤磷素有效供应的指标，但是，它是提供有效磷素的物质基础，可以增强土壤补给植物磷素营养的能力。据有关资料报道，当土壤全磷量降在1％～0.8％时，土壤便出现供磷不足的现象，在多数情况下，增施磷肥可表现出增产效果，所以通常把土壤全磷量作为表示土壤潜在肥力的一项指标。

2. 有效磷 土壤中有效磷所包括的含磷化合物有水溶性磷化合物和弱酸磷化合物。此外，被吸附在土壤胶体上的磷酸根阴离子也可以被代换出来供植物吸收。据有关资料介绍，在北方中性和微碱性土壤上，通常认为，土壤中有效磷（P_2O_5）小于5毫克/千克为供应水平较低，5～10毫克/千克为供应水平中等，大于15毫克/千克为供应水平较高。

河津市有效磷含量在3.85～41.40毫克/千克，平均值为18.70毫克/千克，属三级水平。

（1）不同行政区域：赵家庄乡平均值最高，为22.97毫克/千克；其次是城区街道办事处，平均值为22.72毫克/千克；最低是下化乡，平均值为10.23毫克/千克。见表3-5。

（2）不同地形部位：河流一级、二级阶地平均值最高，为19.38毫克/千克；其次是丘陵低山中、下部及坡麓平坦地，平均值为17.12毫克/千克；最低是山地、丘陵（中、下）部的缓坡地段，地面有一定的坡度，平均值为11.28毫克/千克。见表3-6。

（3）不同母质：最高是冲积物，平均值为 19.158 毫克/千克；最低是黄土母质，平均值为 18.51 毫克/千克。见表 3-7。

（4）不同土壤类型：盐化潮土平均值最高，为 22.87 毫克/千克；其次是石灰性褐土，平均值为 22.36 毫克/千克；最低是潮土，平均值为 15.36 毫克/千克。见表 3-8。

表 3-5　河津市大田土壤大量元素分类统计结果（按行政区域）

行政区域	有机质（克/千克）		全氮（克/千克）		有效磷（毫克/千克）		速效钾（毫克/千克）	
	平均值	区域值	平均值	区域值	平均值	区域值	平均值	区域值
城区街道办事处	23.14	13.64~34.00	0.95	0.73~1.25	22.72	13.07~38.44	194.05	130.40~342.40
清涧街道办事处	28.59	19.63~45.98	0.93	0.70~1.20	17.56	12.41~31.03	198.04	150.00~284.24
樊村镇	29.83	15.67~44.48	0.94	0.65~1.25	18.58	8.40~35.48	235.15	133.67~342.40
小梁乡	16.65	11.66~26.51	0.74	0.46~1.01	16.68	6.75~28.06	213.08	127.14~334.09
柴家乡	18.10	11.99~26.51	0.83	0.52~1.20	22.03	12.74~41.40	216.21	146.74~359.02
赵家庄乡	21.51	16.00~32.50	0.97	0.60~1.24	22.97	13.73~38.44	231.11	146.74~342.40
僧楼镇	21.52	13.31~38.49	0.88	0.63~1.29	16.77	9.39~39.92	213.91	150.00~334.09
下化乡	15.32	5.34~41.48	0.62	0.33~1.01	10.23	3.85~22.74	148.72	93.75~251.00
阳村乡	15.61	6.33~34.00	0.59	0.23~1.07	16.42	5.43~39.92	134.96	62.52~367.32

表 3-6　河津市大田土壤大量元素分类统计结果（按地形部位）

地形部位	有机质（克/千克）		全氮（克/千克）		有效磷（毫克/千克）		速效钾（毫克/千克）	
	平均值	区域值	平均值	区域值	平均值	区域值	平均值	区域值
低山丘陵坡地	16.04	7.65~38.49	0.67	0.33~1.11	14.94	4.84~35.48	167.13	93.75~275.93
河流一级、二级阶地	20.48	6.33~45.98	0.84	0.23~1.29	19.38	5.43~41.40	205.11	62.52~367.32
丘陵低山中、下部及坡麓平坦地	19.83	6.66~35.49	0.80	0.37~1.20	17.12	3.85~36.96	190.39	84.39~325.78
山地、丘陵（中、下）部的缓坡地段，地面有一定的坡度	16.09	5.34~44.48	0.65	0.35~1.08	11.28	4.51~35.48	158.65	93.75~292.54

表 3-7　河津市大田土壤大量元素分类统计结果（按成土母质）

成土母质	有机质（克/千克）		全氮（克/千克）		有效磷（毫克/千克）		速效钾（毫克/千克）	
	平均值	区域值	平均值	区域值	平均值	区域值	平均值	区域值
洪积物	22.45	12.98~42.98	0.87	0.52~1.20	19.14	12.08~33.99	207.50	146.74~284.24
黄土母质	20.31	5.34~44.48	0.83	0.25~1.29	18.51	3.85~41.40	210.49	65.65~359.02
冲积物	19.02	6.33~45.98	0.78	0.23~1.25	19.15	5.43~39.92	171.89	62.52~367.32

表 3-8 河津市大田土壤大量元素分类统计结果（按土壤类型）

土壤类型（亚类）	有机质（克/千克）		全氮（克/千克）		有效磷（毫克/千克）		速效钾（毫克/千克）	
	平均值	区域值	平均值	区域值	平均值	区域值	平均值	区域值
潮土	15.67	6.33～42.98	0.65	0.23～1.24	15.36	5.43～36.96	157.03	62.52～359.02
盐化潮土	22.50	10.67～34.00	0.91	0.58～1.19	22.87	11.75～39.92	214.70	104.27～367.32
褐土	20.05	12.32～32.50	0.90	0.52～1.24	20.69	6.75～41.40	221.81	143.47～334.09
褐土性土	20.69	5.34～45.98	0.81	0.33～1.29	17.50	3.85～41.40	203.30	93.75～342.40
石灰性褐土	23.07	14.63～34.00	0.89	0.57～1.15	22.36	13.07～39.92	185.18	100.00～309.16
草甸风沙土	21.04	10.67～42.98	0.68	0.40～1.12	20.92	12.08～36.96	141.78	81.26～267.62

（四）速效钾

钾素也是植物生长所必需的重要养分之一。它在土壤中的存在有速效性、迟效性和难溶性3种形态。能为当季作物利用的主要是速效钾，所以，常以速效钾作为当季土壤钾素供应水平的主要指标。通常认为，土壤速效钾（包括水溶性钾和代换性钾）的含量（以 K_2O 计）小于80毫克/千克为供应水平较低，80～150毫克/千克供应水平为中等，大于150毫克/千克供应水平为较高。

河津市土壤速效钾含量在 62.52～367.32 毫克/千克，平均值 200.68 毫克/千克，属二级水平。

（1）不同行政区域：樊村镇最高，平均值为235.15毫克/千克；其次是赵家庄乡，平均值为231.11毫克/千克；最低是阳村乡，平均值为134.96毫克/千克。见表3-5。

（2）不同地形部位：河流一级、二级阶地平均值最高，为205.11毫克/千克；其次是丘陵低山中、下部及坡麓平坦地，平均值为190.39毫克/千克；最低是山地和丘陵中、下部的缓坡地段，地面有一定的坡度，平均值为158.656毫克/千克。见表3-6。

（3）不同母质：最高为黄土母质，平均值为210.49毫克/千克；最低是冲积物，平均值为171.89毫克/千克。见表3-7。

（4）不同土壤类型：褐土最高，平均值为221.81毫克/千克；其次是盐化潮土，平均值为214.70毫克/千克；最低是草甸风沙土，平均值为141.78毫克/千克。见表3-8。

二、分级论述

（一）有机质

一级 有机质含量在25.0克/千克以上，面积为53 586.38亩，占总耕地面积的16.76%。主要分布于樊村镇、僧楼镇2个乡（镇、街道办事处），清涧街道办事处、城区街道办事处也有零星分布，主要种植作物为小麦、玉米、豆类、蔬菜等。

二级 有机质含量在20.01～25.0克/千克，面积为87 917.15亩，占总耕地面积的27.49%。主要分布在樊村镇、赵家庄乡、阳村乡、清涧街道办事处4个乡（镇、街道办事处），城区街道办事处、柴家乡有零星分布，主要种植作物为小麦、玉米、蔬菜等。

三级 有机质含量在15.01～20.0克/千克，面积为121 468.34亩，占总耕地面积的

37.98％。广泛分布于全市各乡（镇）。主要种植作物为小麦、玉米、蔬菜和果树等。

四级　有机质含量在 10.01～15.0 克/千克，面积为 51 008.59 亩，占总耕地面积的 15.95％。主要分布在樊村镇、僧楼镇、下化乡、城区街道办事处、小梁乡、柴家乡 6 个乡（镇），清涧街道办事处、赵家庄乡有少量分布，主要种植作物有小麦、玉米、蔬菜、果树等。

五级　有机质含量在 5.01～10.1 克/千克，面积为 5 842.05 亩，占总耕地面积的 1.83％。主要分布在下化乡、小梁乡 2 个乡（镇），樊村镇、阳村乡、城区街道办事处、柴家乡有零星分布，主要种植作物有小麦、玉米、果树等。

六级　有机质含量小于 5.001 克/千克，全市无分布。

（二）全氮

一级　全氮量大于 1.50 克/千克，全市无分布。

二级　全氮含量在 1.201～1.50 克/千克，面积为 1 589.22 亩，占总耕地面积的 0.50％。主要分布于樊村镇、僧楼镇、赵家庄乡 3 个乡（镇），城区街道办事处有零星分布，主要种植作物有小麦、玉米、豆类、蔬菜等。

三级　全氮含量在 1.001～1.20 克/千克，面积为 42 693.68 亩，占总耕地面积的 13.35％。主要分布于樊村镇、僧楼镇、赵家庄乡 3 个乡（镇），柴家乡、阳村乡、清涧街道办事处、城区街道办事处、下化乡有零星分布，主要种植作物有小麦、玉米、豆类、蔬菜、果树等。

四级　全氮含量在 0.701～1.000 克/千克，面积为 179 317.36 亩，占总耕地面积的 56.06％。广泛分布于全市各乡（镇）。主要种植作物为小麦、玉米、蔬菜和果树等。

五级　全氮含量在 0.501～0.70 克/千克，面积为 85 329.49 亩，占总耕地面积的 26.68％。主要分布于赵家庄乡、下化乡、城区街道办事处 3 个乡（镇、街道办事处），小梁乡、柴家乡有零星分布，主要种植作物为小麦、玉米、豆类、果树等。

六级　全氮含量小于 0.5 克/千克，面积为 10 892.76 亩，占总耕地面积的 3.41％。主要分布于阳村乡，主要种植作物为果树、蔬菜等。

（三）有效磷

一级　有效磷含量大于 25.00 毫克/千克。全市面积 35 142.01 亩，占总耕地面积的 10.99％。主要分布于樊村镇、僧楼镇、赵家庄乡 3 个乡（镇），城区街道办事处有零星分布，主要种植作物有小麦、玉米、豆类、蔬菜等。

二级　有效磷含量在 20.1～25.00 毫克/千克。全市面积 75 052.12 亩，占总耕地面积的 23.47％。主要分布于小梁乡、柴家乡、赵家庄乡 3 个乡（镇），城区街道办事处、僧楼镇有零星分布，主要种植作物为小麦、玉米、蔬菜、果树等。

三级　有效磷含量在 15.1～20.1 毫克/千克，全市面积 108 889.84 亩，占总耕地面积的 34.04％。广泛分布于全市各乡（镇）。主要种植作物为小麦、玉米、蔬菜和果树等。

四级　有效磷含量在 10.1～15.0 毫克/千克。全市面积 83 051.80 亩，占总耕地面积的 25.97％。广泛分布于全市各乡（镇）。主要种植作物为小麦、玉米、蔬菜和果树等。

五级　有效磷含量在 5.1～10.0 毫克/千克。全市面积 17 184.19 亩，占总耕地面积的 5.37％。主要分布于阳村乡、下化乡 2 个乡（镇），主要种植作物为小麦、玉米、果树等。

六级　有效磷含量小于 5.0 毫克/千克，全市面积 502.55 亩，占总耕地面积的

0.16%。零星分布于阳村乡，主要种植作物为小麦、果树等。

（四）速效钾

一级 速效钾含量大于250毫克/千克，全市面积60 834.61亩，占总耕地面积的19.02%。主要分布于僧楼镇、赵家庄乡2个乡（镇），主要种植作物为小麦、玉米、蔬菜等。

二级 速效钾含量在201～250毫克/千克，全市面积115 414.3亩，占总耕地面积的36.08%。广泛分布于全市各乡（镇）。作物为小麦、玉米、蔬菜和果树。

三级 速效钾含量在151～200毫克/千克，全市面积106 681.52亩，占总耕地面积的33.36%。广泛分布于全市各乡（镇）。作物为小麦、玉米、蔬菜和果树。

四级 速效钾含量在101～150毫克/千克，全市面积30 926.25亩，占总耕地面积的9.67%。主要分布于小梁乡、柴家乡、赵家庄乡3个乡（镇），主要种植作物有小麦、玉米、果树、蔬菜等。

五级 速效钾含量在51～100毫克/千克，全市面积5 965.83亩，占总耕地面积的1.87%。主要分布于阳村乡、下化乡2个乡（镇），主要种植作物为果树、蔬菜等。

六级 速效钾含量小于50毫克/千克，全市无分布。

河津市耕地土壤大量元素分级面积见表3-9。

表3-9 河津市耕地土壤大量元素分级面积

类别	一级		二级		三级		四级		五级		六级	
	百分比（%）	面积（万亩）	百分比（%）	面积（万亩）	百分比（%）	面积（万亩）	百分比（%）	面积（万亩）	百分比（%）	面积（万亩）	百分比（%）	面积（万亩）
有机质	16.76	5.36	27.49	8.79	37.98	12.15	15.95	5.10	1.83	0.58	0	0
全氮	0	0	0.50	0.16	13.35	4.27	56.06	17.93	26.68	8.53	3.41	1.09
有效磷	10.99	3.51	23.47	7.51	34.04	10.89	25.97	8.31	5.37	1.72	0.16	0.05
速效钾	19.02	6.08	36.08	11.54	33.36	10.67	9.67	3.09	1.87	0.60	0	0

第三节 中量元素

中量元素背景值的表达方式以各统计单元养分汇总结果的算术平均值和标准差来表示。本次调查对中量元素硫进行了分析，通常硫以单体S表示，单位用毫克/千克来表示。

由于有效硫目前全国范围内仅有酸性土壤临界值，而全市土壤属石灰性土壤，没有临界值标准。因而只能根据养分含量的具体情况进行级别划分，分6个级别（表3-4）。

一、含量与分布

河津市土壤有效硫含量在12.96～63.98毫克/千克，平均值为32.45毫克/千克，属四级水平。耕地土壤有效硫含量分类统计结果详见表3-10。

（1）不同行政区域：赵家庄乡最高，平均值为39.52毫克/千克；其次是樊村镇，平均值为38.53毫克/千克；最低是阳村乡，平均值25.74毫克/千克。

（2）不同地形部位：丘陵低山中、下部及坡麓平坦地最高，平均值为33.26毫克/千克；其次是河流一级、二级阶地，平均值为 32.71 毫克/千克；最低是山地、丘陵（中、下）部的缓坡地段，地面有一定的坡度，平均值为 28.29 毫克/千克。

（3）不同母质：洪积物最高，平均值为 34.84 毫克/千克；最低是冲积物，平均值均为 29.66 毫克/千克。

（4）不同土壤类型：褐土最高，平均值为 34.68 毫克/千克；其次是褐土性土，平均值 33.04 毫克/千克；最低是潮土，平均值为 26.34 毫克/千克。

表 3－10　河津市耕地土壤有效硫分类统计结果

单位：毫克/千克

类别		有效硫	
		平均值	区域值
行政区域	城区街道办事处	32.94	21.56～48.34
	清涧街道办事处	34.55	28.42～48.34
	樊村镇	38.53	24.14～61.89
	小梁乡	26.93	12.96～46.68
	柴家乡	31.94	16.40～59.53
	赵家庄乡	39.52	30.08～63.98
	僧楼镇	35.83	19.84～54.03
	下化乡	27.91	13.82～40.04
	阳村乡	25.74	18.12～41.70
地形部位	低山丘陵坡地	30.56	15.54～51.67
	河流一级、二级阶地	32.71	12.96～63.98
	丘陵低山中、下部及坡麓平坦地	33.26	14.68～60.32
	山地、丘陵（中、下）部的缓坡地段，地面有一定的坡度	28.29	13.82～57.17
土壤类型	潮土	26.34	17.26～59.53
	盐化潮土	29.51	20.70～35.06
	褐土	34.68	12.96～63.98
	褐土性土	33.04	13.82～62.15
	石灰性褐土	32.66	18.12～45.02
	草甸风沙土	27.33	18.12～38.38
土壤母质	洪积物	34.84	23.28～57.17
	黄土母质	33.30	12.96～63.98
	冲积物	29.66	16.40～59.53

二、分级论述

一级　有效硫含量大于 200.0 毫克/千克，全市无分布。

二级 有效硫含量在 100.1～200.0 毫克/千克，全市无分布。

三级 有效硫含量在 50.1～100 毫克/千克，全市面积为 6 234.07 亩，占总耕地面积的 1.95％。作物为小麦、玉米、果树等。

四级 有效硫含量在 25.1～50 毫克/千克，全市面积为 257 358.8 亩，占总耕地面积的 80.47％。分布在全市各个乡（镇）。作物为小麦、玉米、蔬菜、果树。

五级 有效硫含量在 12.1～25.0 毫克/千克，全市面积为 56 229.64 亩，占总耕地面积的 17.58％。分布在全市各个乡（镇）。作物为小麦、玉米、蔬菜、果树。

六级 有效硫含量≤12.0 毫克/千克，全市无分布。

表 3-11　河津市耕地土壤中量元素有效硫分级面积

类别	一级		二级		三级		四级		五级		六级	
	百分比（％）	面积（万亩）	百分比（％）	面积（万亩）	百分比（％）	面积（万亩）	百分比（％）	面积（万亩）	百分比（％）	面积（万亩）	百分比（％）	面积（万亩）
有效硫	0	0	0	0	1.95	0.62	80.47	25.74	17.58	5.62	0	0

第四节　微量元素

土壤微量元素背景值的表达方式以各统计单元养分汇总结果的算术平均值和标准差来表示，分别以单体 Cu、Zn、Mn、Fe、B、Mo 表示。表示单位为毫克/千克。

土壤微量元素参照全省第二次土壤普查的标准，结合河津市土壤养分含量状况重新进行划分，各分 6 个级别，见表 3-4。

一、含量与分布

（一）有效铜

河津市土壤有效铜含量在 0.26～2.46 毫克/千克，平均值 1.01 毫克/千克，属三级水平。

（1）不同行政区域：赵家庄乡平均值最高，为 1.20 毫克/千克；其次是柴家乡，平均值为 1.19 毫克/千克；下化乡最低，平均值为 0.75 毫克/千克。见表 3-12。

（2）不同地形部位：河流一级、二级阶地平均值最高，为 1.03 毫克/千克；其次是丘陵低山中、下部及坡麓平坦地，平均值为 0.98 毫克/千克；最低是山地、丘陵（中、下）部的缓坡地段，地面有一定坡度，平均值为 0.79 毫克/千克。见表 3-13。

（3）不同成土母质：洪积物平均值最高，为 1.15 毫克/千克；最低是冲积物，平均值为 0.96 毫克/千克。见表 3-14。

（4）不同土壤类型：盐化潮土最高，平均值为 1.15 毫克/千克；其次是褐土，平均值为 1.09 毫克/千克；最低是草甸风沙土，平均值为 0.84 毫克/千克。见表 3-15。

（二）有效锌

河津市土壤有效锌含量在 0.56～3.63 毫克/千克，平均值为 1.64 毫克/千克，属二级水平。

（1）不同行政区域：柴家乡平均值最高，为 2.00 毫克/千克；其次是阳村乡，平均值为 1.91 毫克/千克；最低是小梁乡，平均值为 1.30 毫克/千克。见表 3-12。

（2）不同地形部位：山地和丘陵中、下部的缓坡地段，地面有一定坡度平均值最高，为 1.77 毫克/千克；其次是丘陵低山中、下部及坡麓平坦地，平均值为 1.68 毫克/千克；最低是低山丘陵坡地，平均值为 1.54 毫克/千克。见表 3-13。

（3）不同成土母质：洪积物平均值最高，为 1.76 毫克/千克；最低是黄土母质，平均值为 1.59 毫克/千克。见表 3-14。

（4）不同土壤类型：草甸风沙土最高，平均值为 2.35 毫克/千克；其次是潮土，平均值为 1.78 毫克/千克；最低是褐土，平均值为 1.53 毫克/千克。见表 3-15。

（三）有效锰

河津市土壤有效锰含量在 4.27～19.39 毫克/千克，平均值为 12.42 毫克/千克，属四级水平。

（1）不同行政区域：赵家庄乡平均值最高，为 14.32 毫克/千克；其次是城区街道办事处，平均值为 14.07 毫克/千克；最低是阳村乡，平均值为 8.40 毫克/千克。见表 3-12。

（2）不同地形部位：丘陵低山中、下部及坡麓平坦地最高，平均值为 12.56 毫克/千克；其次是河流一级、二级阶地，平均值为 12.52 毫克/千克；最低是山地和丘陵中、下部的缓坡地段，地面有一定坡度，平均值为 11.17 毫克/千克。见表 3-13。

（3）不同成土母质：洪积物最高，平均值为 13.19 毫克/千克；最低是冲积物，平均值为 11.37 毫克/千克。见表 3-14。

（4）不同土壤类型：褐土最高，平均值为 13.37 毫克/千克；其次是盐化潮土，平均值为 12.74 毫克/千克；最低是草甸风沙土，平均值为 8.52 毫克/千克。见表 3-15。

（四）有效铁

全市土壤有效铁含量在 2.84～10.00 毫克/千克，平均值为 5.82 毫克/千克，属四级水平。

（1）不同行政区域：城区街道办事处平均值最高，为 6.60 毫克/千克；其次是清涧街道办事处，平均值为 6.59 毫克/千克；最低是小梁乡，平均值为 4.94 毫克/千克。见表 3-12。

（2）不同地形部位：丘陵低山中、下部及坡麓平坦地最高，平均值为 5.85 毫克/千克；其次是河流一级、二级阶地，平均值为 5.84 毫克/千克；最低是低山丘陵坡地，平均值为 5.48 毫克/千克。见表 3-13。

（3）不同成土母质：冲积物最高，平均值为 6.20 毫克/千克；最低是黄土母质，平均值为 5.66 毫克/千克。见表 3-14。

（4）不同土壤类型：盐化潮土最高，平均值为 6.96 毫克/千克；其次是石灰性褐土，平均值为 6.61 毫克/千克；褐土最低，平均值为 5.51 毫克/千克。见表 3-15。

（五）有效硼

河津市土壤有效硼含量在 0.25～2.58 毫克/千克，平均值为 1.13 毫克/千克，属三级水平。

（1）不同行政区域：柴家乡平均值最高，为 1.46 毫克/千克；其次是城区街道办事处，平均值为 1.45 毫克/千克；最低是下化乡，平均值为 0.55 毫克/千克。见表 3-12。

（2）不同地形部位：河流一级、二级阶地平均值最高，为 1.18 毫克/千克；其次是丘陵低山中、下部及坡麓平坦地，平均值为 1.08 毫克/千克；最低是山地和丘陵中、下部的缓坡地段，地面有一定坡度，平均值为 0.62 毫克/千克。见表 3-13。

（3）不同成土母质：洪积物最高，平均值为 1.22 毫克/千克；最低是黄土母质，平均值为 1.10 毫克/千克。见表 3-14。

（4）不同土壤类型：石灰性褐土最高，平均值为 1.40 毫克/千克；其次是盐化潮土，平均值为 1.38 毫克/千克；最低是草甸风沙土，平均值为 1.05 毫克/千克。见表 3-15。

表 3-12 河津市大田土壤大量元素分类统计结果（按行政区域）

单位：毫克/千克

行政区域	有效铜 平均值	有效铜 区域值	有效锰 平均值	有效锰 区域值	有效锌 平均值	有效锌 区域值	有效铁 平均值	有效铁 区域值	有效硼 平均值	有效硼 区域值
城区街道办事处	1.09	0.61～1.84	14.07	7.01～18.73	1.60	0.72～2.60	6.60	4.50～8.67	1.45	0.84～2.37
清涧街道办事处	1.02	0.71～1.61	11.74	9.01～15.00	1.69	0.69～2.90	6.59	3.67～10.00	1.33	0.87～1.77
樊村镇	1.08	0.80～1.71	13.89	10.34～18.07	1.66	1.11～2.40	6.08	2.84～8.34	1.27	0.77～1.77
小梁乡	0.84	0.46～1.74	10.90	7.01～19.06	1.30	0.65～2.30	4.94	2.84～8.00	1.01	0.44～1.71
柴家乡	1.19	0.61～2.24	13.66	4.27～19.39	2.00	0.94～3.32	6.40	4.00～9.00	1.46	0.67～2.58
赵家庄乡	1.20	0.58～1.93	14.32	9.67～17.08	1.55	0.72～2.40	5.72	4.00～7.34	1.20	0.54～1.74
僧楼镇	1.05	0.74～1.64	13.83	9.67～17.41	1.47	0.69～2.90	5.14	3.34～7.01	1.00	0.61～1.43
下化乡	0.75	0.43～2.46	10.85	7.01～14.33	1.69	0.56～3.58	5.59	4.00～6.67	0.55	0.25～1.34
阳村乡	0.78	0.26～1.71	8.40	4.27～15.76	1.91	0.81～3.63	6.21	3.67～9.67	0.96	0.50～1.71

表 3-13 河津市大田土壤大量元素分类统计结果（按地形部位）

单位：毫克/千克

地形部位	有效铜 平均值	有效铜 区域值	有效锰 平均值	有效锰 区域值	有效锌 平均值	有效锌 区域值	有效铁 平均值	有效铁 区域值	有效硼 平均值	有效硼 区域值
低山丘陵坡地	0.82	0.43～1.58	11.46	7.01～17.08	1.54	0.56～3.58	5.48	3.84～8.00	0.77	0.25～2.15
河流一级、二级阶地	1.03	0.26～2.24	12.52	4.27～19.39	1.63	0.65～3.63	5.84	2.84～10.00	1.18	0.44～2.58
丘陵低山中、下部及坡麓平坦地	0.98	0.48～2.46	12.56	6.34～18.07	1.68	0.69～3.32	5.85	3.84～8.34	1.08	0.33～2.15
山地、丘陵（中、下）部的缓坡地段，地面有一定的坡度	0.79	0.44～2.24	11.17	7.01～16.75	1.77	0.59～3.47	5.65	4.00～8.34	0.62	0.25～2.08

表3-14　河津市大田土壤大量元素分类统计结果（按成土母质）

单位：毫克/千克

成土母质	有效铜		有效锰		有效锌		有效铁		有效硼	
	平均值	区域值	平均值	区域值	平均值	区域值	平均值	区域值	平均值	区域值
洪积物	1.15	0.74～1.74	13.19	9.01～16.42	1.76	0.69～3.00	6.09	4.34～10.00	1.22	0.71～2.15
黄土母质	1.02	0.28～2.46	12.74	4.63～18.73	1.59	0.56～3.63	5.66	2.84～9.33	1.10	0.25～2.58
冲积物	0.96	0.26～1.84	11.37	4.27～19.39	1.74	0.72～3.42	6.20	3.51～9.67	1.21	0.50～2.37

表3-15　河津市大田土壤大量元素分类统计结果（按土壤类型）

单位：毫克/千克

土壤类型（亚类）	有效铜		有效锰		有效锌		有效铁		有效硼	
	平均值	区域值	平均值	区域值	平均值	区域值	平均值	区域值	平均值	区域值
潮土	0.90	0.26～1.84	10.13	4.27～18.40	1.78	0.81～3.42	6.28	3.67～9.67	1.10	0.50～2.58
盐化潮土	1.15	0.64～1.67	12.74	7.01～18.73	1.67	0.91～2.70	6.96	5.34～9.00	1.38	0.87～2.22
褐土	1.09	0.46～1.93	13.37	7.67～18.40	1.53	0.72～2.90	5.51	3.17～9.00	1.17	0.48～1.84
褐土性土	0.99	0.43～2.46	12.65	4.27～19.06	1.61	0.56～3.58	5.69	2.84～9.33	1.07	0.25～2.08
石灰性褐土	1.02	0.61～1.64	12.17	6.34～19.39	1.73	0.78～2.80	6.61	5.34～9.00	1.40	0.67～2.58
草甸风沙土	0.84	0.46～1.54	8.52	5.68～13.67	2.35	1.30～3.63	6.58	5.34～10.00	1.05	0.67～1.54

二、分级论述

（一）有效铜

一级　有效铜含量大于2.00毫克/千克，全市分布面积为297.66亩，占总耕地面积的0.09%。零星分布于下化乡、柴家乡2个乡（镇），主要种植作物为小麦、果树、蔬菜等。

二级　有效铜含量在1.51～2.00毫克/千克，全市分布面积9 086.77亩，占总耕地面积的2.84%。零星分布于全市各乡（镇）。主要种植作物为小麦、玉米、蔬菜、果树等。

三级　有效铜含量在1.01～1.50毫克/千克，全市分布面积175 470.7亩，占总耕地面积的54.87%。广泛分布于全市各乡（镇）。主要种植作物为小麦、玉米、蔬菜、果树等。

四级　有效铜含量在0.51～1.00毫克/千克，全市面积130 170.95亩，占总耕地面积的40.70%。广泛分布于全市各乡（镇）。主要种植作物为小麦、玉米、蔬菜、果树等。

五级　有效铜含量在0.21～0.50毫克/千克，全市面积4 796.43亩，占总耕地面积的1.50%。零星分布于小梁乡、阳村乡、下化乡3个乡（镇），主要种植作物为小麦、玉米、果树等。

六级　有效铜含量小于0.20毫克/千克，全市无分布。

(二) 有效锰

一级 全市无分布。

二级 有效锰含量在 20.01～30.00 毫克/千克，全市无分布。

三级 有效锰含量在 15.01～20.00 毫克/千克，全市分布面积 65 858.43 亩，占总耕地面积的 20.59％。广泛分布于全市各乡 (镇)。主要种植作物为小麦、玉米、蔬菜、果树等。

四级 有效锰含量在 5.01～15.00 毫克/千克，全市分布面积 253 206.75 亩，占总耕地面积的 79.19％。广泛分布于全市各乡 (镇)。主要种植作物为小麦、玉米、蔬菜、果树等。

五级 有效锰含量在 1.01～5.00 毫克/千克，全市分布面积 757.33 亩，占总耕地面积的 0.24％。零星分布于阳村乡，主要种植作物为小麦、玉米、果树等。

六级 有效锰含量小于 1.00 毫克/千克，全市无分布。

(三) 有效锌

一级 有效锌含量大于 3.00 毫克/千克，全市面积 1 384.69 亩，占总耕地面积的 0.43％。零星分布于柴家乡、下化乡、阳村乡 3 个乡 (镇)，主要种植作物有小麦、玉米、蔬菜、果树等。

二级 有效锌含量在 1.51～3.00 毫克/千克，全市面积 175 218.97 亩，占总耕地面积的 54.79％。广泛分布于全市各乡 (镇)。主要种植作物为小麦、玉米、蔬菜和果树等。

三级 有效锌含量在 1.01～1.50 毫克/千克，全市面积 122 242.54 亩，占总耕地面积的 38.22％。广泛分布于全市各乡 (镇)。主要种植作物为小麦、玉米、蔬菜和果树等。

四级 有效锌含量在 0.51～1.00 毫克/千克，全市分布面积 20 976.31 亩，占总耕地面积的 6.56％。主要分布于清涧街道办事处、僧楼镇、小梁乡、下化乡 4 个乡 (镇)，城区街道办事处、柴家乡、赵家庄乡、阳村乡有零星分布，主要种植作物有小麦、玉米、蔬菜、果树等。

五级 有效锌含量在 0.31～0.50 毫克/千克，全市无分布。

六级 有效锌含量≤0.30 毫克/千克，全市无分布。

(四) 有效铁

一级 有效铁含量大于 20.00 毫克/千克，全市无分布。

二级 有效铁含量在 15.01～20.00 毫克/千克，全市无分布。

三级 有效铁含量在 10.01～15.00 毫克/千克，全市面积 115.54 亩，占总耕地面积的 0.04％。在清涧街道办事处有零星分布，主要种植作物为小麦、玉米。

四级 有效铁含量在 5.01～10.00 毫克/千克，全市面积 268 598.9 亩，占总耕地面积的 83.98％。广泛分布于全市各乡 (镇)。主要种植作物为小麦、玉米、蔬菜、果树等。

五级 有效铁含量在 2.51～5.00 毫克/千克，全市面积 51 108.07 亩，占总耕地面积的 15.98％。广泛分布于全市各乡 (镇)。作物有小麦、玉米、蔬菜、果树等。

六级 有效铁含量小于等于 2.50 毫克/千克，全市无分布。

(五) 有效硼

一级 有效硼含量大于 2.00 毫克/千克，全市面积 5 533.48 亩，占总耕地面积的

1.73%。主要分布于城区街道办事处、柴家乡2个乡（镇），主要种植作物为小麦、玉米、蔬菜等。

二级 有效硼含量在1.51～2.00毫克/千克，全市面积36 402.79亩，占总耕地面积的11.38%。主要分布于清涧街道办事处、樊村镇、小梁乡3个乡（镇），赵家庄、阳村乡有零星分布。主要种植作物为小麦、玉米、果树等。

三级 有效硼含量在1.01～1.50毫克/千克，全市面积173 630.21亩，占总耕地面积的54.29%。广泛分布于全市各乡（镇）。作物为小麦、玉米、蔬菜和果树。

四级 有效硼含量在0.51～1.00毫克/千克，全市面积90 849.14亩，占总耕地面积的28.41%。广泛分布于全市各乡（镇）。作物为小麦、玉米、蔬菜和果树。

五级 有效硼含量在0.21～0.50毫克/千克，全市面积13 406.89亩，占总耕地面积的4.19%。主要分布于下化乡、阳村乡2个乡（镇）。主要种植作物为小麦、果树等。

六级 有效硼含量≤0.20毫克/千克，全市无分布。

河津市耕地土壤微量元素分级面积见表3-16。

表3-16 河津市耕地土壤微量元素分级面积

类别	一级		二级		三级		四级		五级		六级	
	百分比(%)	面积(万亩)	百分比(%)	面积(万亩)	百分比(%)	面积(万亩)	百分比(%)	面积(万亩)	百分比(%)	面积(万亩)	百分比(%)	面积(万亩)
有效铜	0.09	0.03	2.84	0.91	54.87	17.55	40.70	13.02	1.50	0.48	0	0
有效锌	0.43	0.14	54.79	17.52	38.22	12.22	6.56	2.10	0	0	0	0
有效铁	0	0	0	0	0.04	0.01	83.98	26.86	15.98	5.11	0	0
有效锰	0	0	0	0	20.59	6.59	79.17	25.32	0.24	0.08	0	0
有效硼	1.73	0.55	11.38	3.64	54.29	17.36	28.41	9.08	4.19	1.34	0	0

第五节 其他理化性状

一、土壤pH

河津市耕地土壤pH变化范围在8.20～8.91，平均为8.49。见表3-17。

（1）不同行政区域：柴家乡pH平均最高，为8.64；其次是小梁乡，pH平均为8.57；最低是樊村镇，pH平均为8.37。

（2）不同地形部位：河流一级、二级阶地平均值最高，pH为8.50；最低是山地、丘陵（中、下）部的缓坡地段，地面有一定的坡度，pH平均为8.42。

（3）不同成土母质：冲积物最高，pH平均为8.54；最低是黄土母质，pH平均为8.48。

（4）不同土壤类型：潮土最高，pH平均为8.57；其次是盐化潮土，pH平均为8.52；最低是褐土性土，pH平均为8.47。

表 3 - 17   河津市耕地土壤 pH 分类统计结果

类别		平均值	最小值	最大值
行政区域	城区街道办事处	8.52	8.28	8.83
	清涧街道办事处	8.48	8.28	8.67
	樊村镇	8.37	8.20	8.59
	小梁乡	8.57	8.28	8.83
	柴家乡	8.64	8.36	8.91
	赵家庄乡	8.44	8.20	8.67
	僧楼镇	8.38	8.20	8.52
	下化乡	8.41	8.28	8.67
	阳村乡	8.52	8.20	8.75
地形部位	低山丘陵坡地	8.47	8.28	8.83
	河流一级、二级阶地	8.50	8.20	8.91
	丘陵低山中、下部及坡麓平坦地	8.48	8.20	8.75
	山地、丘陵（中、下）部的缓坡地段，地面有一定的坡度	8.42	8.28	8.75
土壤类型（亚类）	潮土	8.57	8.36	8.83
	盐化潮土	8.52	8.28	8.83
	褐土	8.49	8.20	8.83
	褐土性土	8.47	8.20	8.91
	石灰性褐土	8.51	8.20	8.83
	草甸风沙土	8.48	8.36	8.59
土壤母质	洪积物	8.50	8.20	8.83
	黄土母质	8.48	8.20	8.91
	冲积物	8.54	8.20	8.83

二、耕层质地

土壤质地是土壤的重要物理性质之一，不同的质地对土壤肥力的高低、耕性好坏、生产性能的优劣具有很大影响。

土壤质地亦称土壤机械组成，指不同粒径颗粒在土壤中占有的比例组合。根据卡庆斯基质地分类，粒径大于 0.01 毫米为物理性沙粒，小于 0.01 毫米为物理性黏粒。根据沙黏含量及其比例，主要可分为沙土、沙壤、轻壤、中壤、重壤、黏土 6 级。河津市耕层土壤质地统计见表 3 - 18。

表 3 – 18　河津市土壤耕层质地统计

质地类型	面积（亩）	比例（%）
沙壤土	76 186.44	23.82
轻壤土	184 219.06	57.60
轻黏土	59 417.01	18.58
合计	319 822.51	100.00

从表 3 – 18 可知，河津市耕地土壤质地为轻壤土的面积最大，占全市总耕地面积的57.60%。轻壤（俗称绵土）对一般农业生产来说是比较理想的土壤，土壤质地适中，通透性好，春季升温快，稳温性好。土壤供肥性能好，肥力一般，保水保肥性能较好，施肥后养分供应及时、平稳。干湿易耕，耕后无坷垃，宜耕期长。从质地上看，是河津市较为理想的土壤。

耕层质地为沙壤土的面积为 76 186.44 亩，占总耕地面积的 23.82%。沙壤土物理性沙粒在 55%～85%，土壤偏沙，疏松易耕，粒间孔隙度大，通透性好。

轻黏土面积为 59 417.01 亩，占全市耕地总面积的 18.58%。黏质土（俗称垆土），其中土壤物理性黏粒（＜0.01 毫米）高达 45% 以上，土壤黏重致密，难耕作，易耕期短，保肥性强，养分含量高，但易板结，通透性能差。土体冷凉坷垃多，不养小苗，易发老苗。

三、土壤阳离子交换量

土壤交换量即离子代换量（土壤所能含有代换性离子的数量称为离子代换量），这里是指阳离子交换量，通常以 100 克烘干土所含毫克当量的阳离子表示的。土壤代换量是鉴定土壤保存养分能力强弱的重要依据，也是施肥时必须考虑的土壤性质。一般交换量小于10 厘摩尔/千克为保肥力弱的土壤，交换量 10～20 厘摩尔/千克为保肥力中等的土壤，交换量在 20 厘摩尔/千克以上为保肥力强的土壤。

土壤交换量大小，主要受土壤质地、腐殖质含量及土壤酸碱反应等条件的影响。土壤质地越细、有机质含量越高，代换量就越大；反之，代换量就小。

总的看来，河津市土壤的交换量是弱小的，这就使得土壤保肥性不强。所以，应增施有机肥，从而增加有机质，使土壤交换量逐步提高。

四、土体构型

土体构型是指整个土体各层次质地的排列组合情况。它对土壤水、肥、气、热等各个肥力因素有制约和调节作用，特别对土壤水、肥储藏与流失有较大影响。因此，良好的土体构型是土壤肥力的基础。

河津市耕作的土体构型可概分两大类，即通体型和夹层型。其中以通体壤质型面积最大，广泛分布于丘陵、二级阶地等，土体构型好。通体沙壤型或夹沙型主要分布于山前丘陵或低山区，该土易漏水漏肥，保肥性差，在施肥浇水上应小畦节浇，少吃多餐，是一种构型较差的土壤。通体黏质或夹黏型（蒙金型）主要分布在低山区、阶地及山前洪积扇、一级阶地处。通体黏质型虽然保水保肥性能强，土壤养分含量高，但由于土性冷凉，土质过垆，难以耕作，故发老苗不发小苗。"蒙金型"又称"绵盖垆"，该土上轻下重，上松下紧，易耕易种，心土层紧实致密、托水托肥，肥水不易渗漏，故既发小苗、又发老苗，所以"蒙金型"是农业生产上最为理想的土体构型。

五、土壤结构

构成土壤骨架的矿物质颗粒在土壤中并非彼此孤立、毫无相关的堆积在一起，而往往是受各种作物胶结成形状不同、大小不等的团聚体。各种团聚体和单粒在土壤中的排列方式称为土壤结构。

土壤结构是土体构造的一个重要形态特征。它关系着土壤水、肥、气、热状况的协调，土壤微生物的活动、土壤耕性和作物根系的伸展，是影响土壤肥力的重要因素。

河津市山地土壤由于有机质含量相对较高，主要为团粒结构，粒径在 0.25～10 毫米。团粒结构是良好的土壤结构类型，可协调土壤的水、肥、气、热状况。

河津市耕作土壤的有机质含量较少，土壤结构主要以土壤中碳酸钙胶结为主，水稳性团粒结构一般在 20%～40%。

河津市土壤的不良结构主要有：

1. 板结 河津市耕作土壤灌水或降水后表层板结现象较普遍，板结形成的原因是细黏粒含量较高，有机质含量少所致。板结是土壤不良结构的表现，它可加速土壤水分蒸发、使土壤紧实，影响幼苗出土生长以及土壤的通气性能。改良办法是增加土壤有机质，雨后或浇灌后及时中耕破板，以利土壤疏松通气。

2. 坷垃 坷垃是在质地黏重的土壤上易产生的不良结构。坷垃多时，由于相互支撑，增大孔隙、透风跑墒，促进土壤蒸发，并影响播种质量，造成露籽或压苗，或形成吊根，妨碍根系穿插。改良办法：首先，大量施用有机肥料和掺沙改良黏重土壤；其次，应掌握宜耕期，及时进行耕耙，使其粉碎。

土壤结构是影响土壤孔隙状况、容重、持水能力、土壤养分等的重要因素，因此，创造和改善良好的土壤结构是农业生产上夺取高产、稳产的重要措施。

六、土壤孔隙状况

土壤是多孔体，土粒、土壤团聚体之间以及团聚体内部均有孔隙。单位体积土壤孔隙所占的百分数，称土壤孔隙度，亦称总孔隙度。

土壤孔隙的数量、大小、形状很不相同，它是土壤水分与空气的流通通道和储存场所，它密切影响着土壤中水、肥、气、热等因素的变化与供应情况。因此，了解土壤孔隙的大小、分布、数量和质量，在农业生产上有非常重要的意义。

土壤孔隙度的状况取决于土壤质地、结构、土壤有机质、土粒排列方式及人为因素等。黏土孔隙多而小，通透性差；沙质土孔隙少而粒间孔隙大，通透性强；壤土则孔隙大小比例适中。土壤孔隙可分3种类型。

1. 无效孔隙 孔隙直径小于0.001毫米，作物根毛难于伸入，为土壤结合水充满，孔隙中水分被土粒强烈吸附，故不能被植物吸收利用，水分不能运动也不通气，对作物来说是无效孔隙。

2. 毛管孔隙 孔隙直径为0.001～0.1毫米，具有毛管作用，水分可借毛管弯月面力保持储存在内，并靠毛管引力向上下、左右移动，对作物是最有效水分。

3. 非毛细管孔隙 即孔隙直径大于0.1毫米的大孔隙，不具毛管作用，不保持水分，为通气孔隙，直接影响土壤通气、透水和排水的能力。

土壤孔隙一般为30%～60%，对农业生产来说，土壤孔隙以稍大于50%为好，要求无效孔隙尽量低些。非毛管孔隙应保持在10%以上，若小于5%则通气、渗水性能不良。

河津市耕层土壤总孔隙一般在38.5%～58.5%。毛管孔隙一般在41.9%～50.2%，非毛细管孔隙一般0.7%～16.6%，大小孔隙之比一般在1∶12.5，最大为1∶49，最小为1∶2.5。最适宜的大小孔隙之比为1∶2～4。因此，河津市土壤大都通气孔隙较低，土壤紧实，通气差。

第六节 耕地土壤属性综述与养分动态变化

一、耕地土壤属性综述

河津市3 802个大田样点测定结果表明，耕地土壤有机质平均含量为20.08±5.67克/千克，全氮平均含量为0.82±0.17克/千克，有效磷平均含量为18.70±5.49毫克/千克，速效钾平均含量为200.68±49.22毫克/千克，有效硫平均含量为32.45±7.20毫克/千克，有效铜平均含量为1.01±0.26毫克/千克，有效锌平均含量为1.64±0.44毫克/千克，有效铁平均含量为5.82±0.96毫克/千克，有效锰平均值为12.42±2.55毫克/千克，有效硼平均含量为1.13±0.33毫克/千克，pH平均为8.49±0.11。详见表3-19。

表3-19 河津市耕地土壤属性总体统计结果

项目	点位数（个）	平均值	最小值	最大值	标准差	变异系数（%）
有机质（克/千克）	3 802	20.08	5.34	45.98	5.67	28.27
全氮（克/千克）	3 802	0.82	0.23	1.29	0.17	21.09
有效磷（毫克/千克）	3 802	18.70	3.85	41.40	5.49	29.34
速效钾（毫克/千克）	3 802	200.68	62.52	367.32	49.22	24.53
有效硫（毫克/千克）	3 802	32.45	12.96	63.98	7.20	22.19
有效铜（毫克/千克）	3 802	1.01	0.26	2.46	0.26	25.66
有效锌（毫克/千克）	3 802	1.64	0.56	3.63	0.44	26.83
有效铁（毫克/千克）	3 802	5.82	2.84	10.00	0.96	16.59
有效锰（毫克/千克）	3 802	12.42	4.27	19.39	2.55	20.52
有效硼（毫克/千克）	3 802	1.13	0.25	2.58	0.33	29.06
pH	3 802	8.49	8.20	8.91	0.11	1.34

二、有机质及大量元素的演变

随着农业生产的发展及施肥、耕作经营管理水平的变化，耕地土壤有机质及大量元素也随之变化。河津市耕地土壤有机质含量为 20.08 克/千克，属省二级水平，与第二次土壤普查的 11.2 克/千克相比提高了 8.88 克/千克；全氮平均含量为 0.82 克/千克，属省四级水平，与第二次土壤普查的 0.60 克/千克相比提高了 0.22 克/千克；有效磷平均含量 18.70 毫克/千克，属省三级水平，与第二次土壤普查的 12.44 毫克/千克相比提高了 6.26 毫克/千克；速效钾平均含量为 200.68 毫克/千克，属省二级水平，与第二次土壤普查的平均含量 123.43 毫克/千克相比提高了 77.25 毫克/千克。土壤有效硫属省四级水平，微量元素中，除土壤有效锌属省二级水平，有效铜、有效硼属三级水平外，其余均属四级水平。详见表 3 - 20。

表 3 - 20　河津市耕地土壤养分动态变化

单位：克/千克、毫克/千克

项　目		地貌地形			土壤类型		
		低山区	一级、二级阶地	丘陵	褐土	潮土	风沙土
有机质	第二次土壤普查	8.30	11.3	10.5	11.40	11.30	11.40
	大田 本次调查	16.04	20.48	19.83	20.63	16.52	21.04
	增减	7.74	9.18	9.33	9.23	5.22	9.64
全氮	第二次土壤普查	0.50	0.60	0.60	0.60	0.60	0.60
	大田 本次调查	0.67	0.84	0.80	0.85	0.69	0.68
	增减	0.17	0.24	0.20	0.25	0.09	0.08
有效磷	第二次土壤普查	6.02	14.69	9.42	11.13	16.43	11.28
	大田 本次调查	14.84	19.38	17.12	19.02	16.29	20.92
	增减	8.82	4.69	7.7	7.89	−0.14	9.64
速效钾	第二次土壤普查	117.00	115.62	116.73	130.72	122.19	100.83
	大田 本次调查	167.13	205.11	190.39	208.78	164.23	141.78
	增减	50.13	89.49	73.66	78.06	42.04	40.95

第四章 耕地地力评价

第一节 耕地地力分级

一、面积统计

河津市耕地面积 31.98 万亩,其中水浇地 26.304 万亩,占耕地总面积的 82.25%;旱地 5.676 万亩,占耕地总面积的 17.75%。按照地力等级的划分指标,通过对 9 558 个评价单元 *IFI* 值的计算,对照分级标准,确定每个评价单元的地力等级,汇总结果见表 4-1。

表 4-1 河津市耕地地力国家及地方等级统计

国家等级	地方等级	耕地面积（亩）	占总耕地面积比（%）
一级	一级	70 019.50	21.89
二级			
三级	二级	88 668.30	27.72
四级	三级	98 094.74	30.67
五级			
六级	四级	38 278.63	11.97
七级			
八级	五级	24 761.34	7.75
九级			
合计		319 822.51	100

二、地域分布

由于河津市面积不大,海拔差异较小,土壤分布的纬度地带性和垂直带谱均不明显。但由于中小地形的变化、气候的差异和人类生产活动的影响,土壤的分布比较复杂。河津市地处暖温带,主要土壤类型为褐土、潮土和风沙土。河津市耕地主要分布在山地,山前倾斜平原,垣地,黄河、汾河的一级和二级阶地及河漫滩。

第二节　耕地地力等级分布

一、一级地

(一)面积和分布

本级耕地主要分布在汾河的河漫滩和一级阶地的城区街道办事处、柴家乡 2 个乡（镇、街道办事处），南北两垣二级阶地的小梁、赵家庄 2 个乡（镇）也有零星分布。面积为 70 019.5 亩，占全市总耕地面积的 21.89%。

(二)主要属性分析

汾河的河漫滩和一级阶地位于河津市的中心腹地，是城区所在地和河津市政治、经济、文化和交通中心。汾河的河漫滩和一级阶地位于河津市的交通要道，铁路和 108 国道自东向西从中穿过。本级耕地海拔 370～420 米，土地平坦，土壤包括潮土和盐化潮土 2 个亚类，成土母质为河流冲积物，地面坡度为 2°～3°。耕层质地多为壤土，土体构型为壤夹黏，有效土层厚度 130～170 厘米，平均 150 厘米，耕层厚度为 19.52 厘米，pH 的变化范围在 8.20～8.83，平均为 8.45。地势平缓，无侵蚀，保水，地下水位浅且水质良好，灌溉保证率为充分满足，地面平坦，园田化水平高。

本级耕地土壤有机质平均含量为 23.13 克/千克，属省二级水平，比全市平均含量高 3.05 克/千克；全氮平均含量为 0.96 克/千克，属省四级水平，比全市平均含量高 0.14 克/千克；有效磷平均含量为 22.35 毫克/千克，属省二级水平，比全市平均含量高 3.65 毫克/千克；速效钾平均含量为 218.66 毫克/千克，属省二级水平，比全市平均含量高 17.98 毫克/千克；有效铁平均含量为 6.05 毫克/千克，属省四级水平；有效锰平均含量为 13.97 毫克/千克，属省四级水平；有效铜平均含量为 1.14 毫克/千克，属省三级水平；有效锌平均含量为 1.56 毫克/千克，属省二级水平；有效硼平均含量为 1.29 毫克/千克，属省三级水平；有效硫平均含量为 36.32 毫克/千克，属省四级水平。详见表 4-2。

表 4-2　一级地土壤养分统计

项　　目	平均值	最大值	最小值	标准差	变异系数（%）
有机质（克/千克）	23.13	39.99	13.64	3.62	15.64
全氮（克/千克）	0.96	1.25	0.63	0.09	9.03
有效磷（毫克/千克）	22.35	39.92	13.07	4.04	18.10
速效钾（毫克/千克）	218.66	342.40	123.87	38.98	17.82
pH	8.45	8.83	8.20	0.09	1.10
有效硫（毫克/千克）	36.32	63.98	17.26	6.01	16.54
有效锰（毫克/千克）	13.97	18.73	7.01	1.64	11.73
有效硼（毫克/千克）	1.29	2.58	0.58	0.27	21.16
有效铜（毫克/千克）	1.14	1.93	0.51	0.20	17.23
有效锌（毫克/千克）	1.56	2.80	0.69	0.27	17.25
有效铁（毫克/千克）	6.05	9.00	2.84	0.84	13.84

该级耕地农作物生产历来水平较高，从农户调查表来看，小麦平均亩产 415 千克，复播夏玉米平均亩产 550 千克，效益显著；蔬菜产量占全市的 20% 以上，是河津市重要的蔬菜生产基地。

（三）主要存在问题

一是土壤肥力与高产高效的需求仍不适应；二是部分区域地下水资源贫乏，水位持续下降，更新深井，加大了生产成本；三是多年种菜的部分地块，化肥施用量不断提升，有机肥施用不足，引起土壤板结，土壤团粒结构分配不合理。影响土壤环境质量的障碍因素是城郊的极个别菜地污染。尽管国家有一系列的种粮优惠政策，但最近几年农资价格的飞速猛长，使农民的种粮积极性严重受挫，对土壤进行粗放式管理。

（四）合理利用

本级耕地在利用上应从主攻优质小麦入手，大力发展设施农业，加快蔬菜生产发展。复种作物重点发展玉米、大豆间套作。

二、二 级 地

（一）面积与分布

主要分布在南北两垣的赵家庄乡、僧楼镇、樊村镇，以及阳村乡、柴家乡的黄河和汾河一级阶地的边沿地带，包括汾南二级阶地平川一带，海拔 380～530 米，面积 88 668.3 亩，占总耕地面积的 27.72%。

（二）主要属性分析

本级耕地包括褐土性土、石灰性褐土、潮土、盐化潮土 4 个亚类，成土母质为河流冲积物和黄土状母质。质地多为壤土，灌溉保证率为充分满足。地面平坦，坡度小于 3°，园田化水平高。有效土层厚度为 150 厘米，耕层厚度平均为 19.1 厘米，本级土壤 pH 在 8.20～8.83，平均为 8.47。

本级耕地土壤有机质平均含量 21.65 克/千克，属省二级水平；全氮平均含量 0.89 克/千克，属省四级水平；有效磷平均含量为 20.62 毫克/千克，属省二级水平；速效钾平均含量为 214.26 毫克/千克，属省二级水平；有效铁平均含量为 5.93 毫克/千克，属省四级水平；有效锰平均含量为 13.30 毫克/千克，属省四级水平；有效铜平均含量为 1.09 毫克/千克，属省三级水平；有效锌平均含量为 1.60 毫克/千克，属省二级水平；有效硼平均含量为 1.23 毫克/千克，属省三级水平；有效硫平均含量为 34.91 毫克/千克，属省四级水平。详见表 4-3。

本级耕地所在区域为深井灌溉区，是河津市的主要粮、棉、瓜、果、菜产区，瓜、果、菜地的经济效益较高，棉花生产水平较高，粮食生产处于全市上游水平。小麦、玉米两茬近 3 年平均亩产 785 千克，是河津市重要的粮、棉、菜、果商品生产基地。

（三）主要存在问题

盲目施肥现象严重，有机肥施用量少，由于产量高造成土壤肥力下降，农产品品质降低。

(四) 合理利用

应"用养结合"，以培肥地力为主。一是合理布局，实行轮作、倒茬，尽可能做到须根与直根、深根与浅根、豆科与禾本科、夏作与秋作、高秆与矮秆作物轮作，使养分调剂、余缺互补。二是推广小麦、玉米秸秆两茬还田，提高土壤有机质含量。三是推广测土配方施肥技术，建设高标准农田。

表 4-3 二级地土壤养分统计

项　　目	平均值	最大值	最小值	标准差	变异系数（%）
有机质（克/千克）	21.65	45.98	13.31	4.83	22.29
全氮（克/千克）	0.89	1.24	0.44	0.11	12.91
有效磷（毫克/千克）	20.62	39.92	8.73	4.91	23.82
速效钾（毫克/千克）	214.26	342.40	101.00	40.29	18.80
pH	8.47	8.83	8.20	0.11	1.34
有效硫（毫克/千克）	34.91	62.93	16.40	6.67	19.11
有效锰（毫克/千克）	13.30	18.07	4.27	2.03	15.23
有效硼（毫克/千克）	1.23	2.58	0.50	0.26	20.72
有效铜（毫克/千克）	1.09	2.24	0.46	0.21	19.42
有效锌（毫克/千克）	1.60	3.32	0.72	0.36	22.52
有效铁（毫克/千克）	5.93	10.00	3.34	0.90	15.13

三、三 级 地

(一) 面积与分布

主要分布在阳村、柴家、小梁、僧楼等乡（镇、街道办事处）。海拔 430～550 米，面积为 98 094.74 亩，占总耕地面积的 30.67%，是河津市面积最大的耕地级别。

(二) 主要属性分析

本级耕地自然条件较好，地势平坦。耕地包括潮土、盐化潮土、石灰性褐土和褐土性土 4 个亚类。成土母质为河流冲积物、黄土质母质和黄土状母质。耕层质地为中壤、轻壤。土层深厚，有效土层厚度在 150 厘米以上，耕层厚度为 19.18 厘米。土体构型为通体壤，灌溉保证率为基本满足，地面基本平坦，坡度 2°～5°，园田化水平较高。本级耕地的 pH 变化范围在 8.20～8.91，平均为 8.55。

本级耕地土壤有机质平均含量 18.28 克/千克，属省三级水平；有效磷平均含量为 18.03 毫克/千克，属省三级水平；速效钾平均含量为 190.02 毫克/千克，属省三级水平；全氮平均含量为 0.75 克/千克，属省四级水平；有效铁平均含量为 5.83 毫克/千克，属省四级水平；有效锰平均含量为 11.32 毫克/千克，属省四级水平；有效铜平均含量为 0.95 毫克/千克，属省四级水平；有效锌平均含量为 1.76 毫克/千克，属省二级水平；有效硼平均含量为 1.13 毫克/千克，属省三级水平；有效硫平均含量为 29.34 毫克/千克，属省四级水平。详见表4-4。

表4-4　三级地土壤养分统计

项　　目	平均值	最大值	最小值	标准差	变异系数（%）
有机质（克/千克）	18.28	44.48	6.33	5.84	31.95
全氮（克/千克）	0.75	1.20	0.23	0.19	24.66
有效磷（毫克/千克）	18.03	41.40	5.43	5.08	28.20
速效钾（毫克/千克）	190.02	367.32	62.52	57.55	30.29
pH	8.55	8.91	8.20	0.11	1.27
有效硫（毫克/千克）	29.34	60.32	12.96	6.39	21.77
有效锰（毫克/千克）	11.32	19.39	4.27	2.94	26.01
有效硼（毫克/千克）	1.13	2.30	0.46	0.30	26.44
有效铜（毫克/千克）	0.95	2.24	0.26	0.28	29.19
有效锌（毫克/千克）	1.76	3.63	0.69	0.49	27.94
有效铁（毫克/千克）	5.83	9.33	2.84	1.05	17.94

本级耕地所在区域，粮食生产水平较高，据调查统计，小麦平均亩产380千克，复播玉米或杂粮平均亩产240千克以上，棉花平均亩产皮棉100千克左右，效益较好。

（三）主要存在问题

一是灌溉设施条件相对较差；二是本级耕地的有机质等大量元素和中、微量元素含量普遍偏低。

（四）合理利用

① 科学种田。该区农业生产水平属中上，粮食产量高，棉花产量较高，就土壤、水利条件而言，并没有充分显示出高产性能。因此，应采用先进的栽培技术，如选用优种、科学管理、平衡施肥等。施肥上，应多喷一些硫酸铁、硼砂、硫酸锌等，充分发挥土壤的丰产性能，夺取各种作物高产。

② 作物布局。该区今后应在种植业发展方向上主攻优质小麦生产的同时，抓好无公害果树的生产。小麦收获后复播田应以玉米、豆类作物为主，复种指数控制在40%左右。

四、四　级　地

（一）面积与分布

主要分布在小梁乡、僧楼镇南北两垣二级阶地，以及阳村乡、柴家乡的河漫滩上，城区街道办事处、清涧街道办事处也有零星分布。海拔440～560米，是河津市扩浇地的中产田，面积38 278.63亩，占总耕地面积的11.97%。

（二）主要属性分析

本级耕地分布范围较大，土壤类型复杂，包括石灰性褐土、褐土性土、风沙土等。成土母质有黄土质、黄土状两种。耕层土壤质地差异较大，为中壤、重壤。有效土层厚度为

150 厘米，耕层厚度平均为 19.27 厘米。土体构型为通体壤、夹砾、夹黏、深黏。灌溉保证率为一般满足，地面基本平坦，坡度 3°～10°，园田化水平较高。本级土壤 pH 在 8.20～8.83，平均为 8.49。

本级耕地土壤有机质平均含量 20.27 克/千克，属省二级水平；有效磷平均含量为 16.78 毫克/千克，属省三级水平；速效钾平均含量 208.76 毫克/千克，属省二级水平；全氮平均含量为 0.80 克/千克，属省四级水平；有效硼平均含量为 1.05 毫克/千克，属省三级水平；有效铁为 5.36 毫克/千克，属省四级水平；有效锌为 1.47 毫克/千克，属省三级水平；有效锰平均含量为 12.26 毫克/千克，属省四级水平；有效硫平均含量为 32.59 毫克/千克，属省四级水平。详见表 4-5。

表 4-5 四级地土壤养分统计

项 目	平均值	最大值	最小值	标准差	变异系数（%）
有机质（克/千克）	20.27	44.48	12.32	6.35	31.34
全氮（克/千克）	0.80	1.29	0.50	0.14	17.68
有效磷（毫克/千克）	16.78	39.92	8.40	3.62	21.59
速效钾（毫克/千克）	208.76	359.02	120.60	36.12	17.30
pH	8.49	8.83	8.20	0.11	1.35
有效硫（毫克/千克）	32.59	60.32	14.68	7.89	24.21
有效锰（毫克/千克）	12.26	18.73	7.01	2.08	16.95
有效硼（毫克/千克）	1.05	2.15	0.44	0.27	25.40
有效铜（毫克/千克）	0.96	1.80	0.51	0.21	21.78
有效锌（毫克/千克）	1.47	3.00	0.65	0.40	26.95
有效铁（毫克/千克）	5.36	9.00	2.84	1.10	20.48

主要种植作物以小麦、杂粮为主，小麦平均亩产为 350 千克，杂粮平均亩产 150 千克以上，均处于河津市的中下等水平。

（三）主要存在问题

一是土壤团粒结构差，保水保肥性能较差；灌溉条件较差，干旱缺水、侵蚀严重、管理粗放。二是本级耕地的中量元素锰、硫含量偏低，微量元素的硼、铁、锌偏低，今后在施肥时应合理补充。

（四）合理利用

配方施肥。中产田的养分失调，大大地限制了作物增产。因此，在改良措施上，以搞好农田基本建设、提高土壤保墒能力为主。增施有机肥，测土配方施肥，加大投入。在不同区域的中低产田上，大力推广测土配方施肥技术，进一步提高耕地的增产潜力。

五、五 级 地

（一）面积与分布

主要分布在下化乡的山地，小梁乡的丘陵坡地以及僧楼镇和樊村镇的洪积扇上、中部，面积 24 761.34 亩，占总耕地面积的 7.75%。

（二）主要属性分析

该区域为下化乡山地和丘陵坡地，灌溉保证率为一般或无，多数为旱地，大部分耕地有轻度侵蚀，多为高水平梯田、缓坡梯田，土壤类型有褐土性土、石灰性褐土。成土母质为洪积、黄土质、残积物；耕层质地为轻壤、中壤。质地构型大部分为通体壤，少数壤夹黏、壤夹砾。有效土层厚度平均为 150 厘米，耕层厚度为 19.6 厘米，pH 在 8.28～8.75，平均为 8.42。

本级耕地土壤有机质平均含量 16.14 克/千克，属省三级水平；有效磷平均含量为 11.33 毫克/千克，属省四级水平；速效钾平均含量为 156.72 毫克/千克，属省三级水平；全氮平均含量为 0.65 克/千克，属省五级水平；有效硫平均含量为 29.29 毫克/千克，属省四级水平。微量元素有效锌平均含量为 1.68 毫克/千克，属省二级水平；有效铜平均含量为 0.78 毫克/千克，属省四级水平；有效硼平均含量为 0.64 毫克/千克，属省四级水平；有效铁平均含量为 5.57 毫克/千克，属省四级水平；有效锰平均含量为 11.18 毫克/千克，属省四级水平。详见表 4-6。

表 4-6 五级地土壤养分统计

项 目	平均值	最大值	最小值	标准差	变异系数（%）
有机质（克/千克）	16.14	44.48	5.34	4.90	30.38
全氮（克/千克）	0.65	1.07	0.33	0.14	22.18
有效磷（毫克/千克）	11.33	24.39	3.85	3.77	33.30
速效钾（毫克/千克）	156.72	292.54	93.75	32.35	20.64
pH	8.42	8.75	8.28	0.08	0.95
有效硫（毫克/千克）	29.29	57.17	13.82	6.22	21.22
有效锰（毫克/千克）	11.18	16.42	7.01	1.62	14.50
有效硼（毫克/千克）	0.64	1.54	0.25	0.28	43.38
有效铜（毫克/千克）	0.78	2.46	0.43	0.24	30.64
有效锌（毫克/千克）	1.68	3.58	0.56	0.61	36.24
有效铁（毫克/千克）	5.57	7.67	3.84	0.54	9.72

种植作物以小麦、杂粮为主，据调查统计，小麦平均亩产 280 千克，杂粮平均亩产 120 千克以上，效益较低。

（三）主要存在问题

耕地土壤养分中、微量元素为中等偏下。地下水位较深、浇水困难。

（四）合理利用

改良土壤。主要措施是除增施有机肥、秸秆还田外，还应种植苜蓿、豆类等养地作物，通过轮作倒茬，改善土壤理化性状。在施肥上除增加农家肥施用量外，应多施氮肥、配方施肥、搞好土壤肥力协调。下化乡山区整修梯田，培肥地力，防蚀保土，建设高产基本农田。

河津市各乡（镇、街道办事处）耕地地力分级统计见表4-7。

表4-7 河津市各乡（镇、街道办事处）耕地地力分级统计

乡（镇、街道办事处）	一级地		二级地		三级地		四级地		五级地	
	面积（亩）	百分比（%）	面积（亩）	百分比（%）	面积（亩）	百分比（%）	面积（亩）	百分比（%）	面积（亩）	百分比（%）
城区街道办事处	25 556.84	7.99	7 623.56	2.38	2 918.49	0.91	359.99	0.11	0	0
清涧街道办事处	1 505.87	0.47	4 585.19	1.43	4 803.21	1.50	244.34	0.08	0	0
樊村镇	5 657.48	1.77	7 276.82	2.28	5 745.38	1.80	4 153.02	1.30	542.77	0.17
小梁乡	767.57	0.24	5 353.27	1.67	23 546.26	7.36	14 196.56	4.44	1 220.41	0.38
柴家乡	2 918.39	0.92	9 995.91	3.13	22 448.21	7.02	3 174.73	0.99	336.21	0.11
赵家庄乡	26 494.36	8.28	17 387.37	5.44	1 436.13	0.45	42.09	0.01	0	0
僧楼镇	6 824.55	2.13	17 014.92	5.32	7 775.62	2.43	11 309.93	3.54	500.07	0.16
下化乡	0	0	0	0	0	0	0	0	22 161.88	6.93
阳村乡	294.44	0.09	19 431.26	6.07	29 421.44	9.20	4 797.97	1.50	0	0
合计	70 019.5	21.89	88 668.3	27.72	98 094.74	30.67	38 278.63	11.97	24 761.34	7.75

第五章 中低产田类型、分布及改良利用

第一节 中低产田类型及分布

中低产田是指存在各种制约农业生产的土壤障碍因素，产量相对低而不稳定的耕地。

通过对河津市耕地地力状况的调查，根据土壤主导障碍因素的改良主攻方向，依据中华人民共和国农业部发布的行业标准 NY/T 310—1996，引用运城市耕地地力等级划分标准，结合实际情况进行分析，河津市中低产田包括 6 个类型：干旱灌溉改良型、坡地梯改型、瘠薄培肥型、沙化耕地型、盐碱耕地型和障碍层次型。中低产田面积为 193 240.5 亩，占总耕地面积的 60.42%。各类型面积情况统计见表 5-1。

表 5-1　河津市中低产田各类型面积情况统计

类　　型	面积（亩）	占总耕地面积（%）	占中低产田面积（%）
坡地梯改型	25 272.15	7.90	13.08
干旱灌溉改良型	71 107.80	22.23	36.80
瘠薄培肥型	72 792.98	22.76	37.67
沙化耕地型	6 485.79	2.03	3.36
盐碱耕地型	9 418.50	2.95	4.87
障碍层次型	8 163.28	2.55	4.22
合　　计	193 240.5	60.42	100

一、坡地梯改型

坡地梯改型是指主导障碍因素为土壤侵蚀，以及与其相关的地形、地面坡度、土体厚度、土体构型与物质组成、耕作熟化层厚度与熟化程度等，需要通过修筑梯田及田埂等田间水保工程加以改良治理的坡耕地。

河津市坡地梯改型中低产田面积为 2.527 2 万亩，占总耕地面积的 7.9%。共有 830 个评价单元，主要分布于下化、樊村、僧楼和小梁 4 个乡（镇）。

二、干旱灌溉改良型

干旱灌溉改良型是指由于气候条件造成的降水不足或季节性出现不均，又缺少必要的调蓄手段，以及地形、土壤性状等方面的原因，造成的保水、蓄水能力的缺陷。不能满足

作物正常生长对水分的需求，但又具备水源开发条件，可以通过发展灌溉加以改良的耕地。

河津市灌溉改良型中低产田面积 7.110 8 万亩，占总耕地面积的 22.23％。共有 1 526 个评价单元，主要分布在樊村、僧楼、阳村、柴家和小梁 5 个乡（镇）。

三、瘠薄培肥型

瘠薄培肥型是指受气候、地形条件限制，造成干旱、缺水、土壤养分含量低、结构不良、投肥不足、产量低于当地高产农田，只能通过连年深耕、培肥土壤、改革耕作制度、推广旱作农业技术等长期性的措施逐步加以改良的耕地。

河津市瘠薄培肥型中低产田面积为 7.279 3 万亩，占总耕地面积的 22.76％。共有 2 933 个评价单元，主要分布于僧楼、樊村、小梁、柴家、阳村、下化 6 个乡（镇）。

四、沙化耕地型

沙化耕地型是指因气候变化和人类活动所导致的天然沙漠扩张和沙质土壤上植被被破坏、沙土裸露的过程。

河津市沙化耕地型中低产田面积为 0.648 6 万亩，占总耕地面积的 2.03％。共有 303 个评价单元，主要分布于阳村乡。

五、盐碱耕地型

盐碱耕地型是由于地势低洼，地下水处于闭流区，埋藏浅且矿化度高，盐分日趋累积，地表积盐较多，

河津市盐碱耕地型中低产田面积为 0.941 9 万亩，占总耕地面积的 2.95％。共有 146 个评价单元，主要分布于城区、柴家、阳村 3 个乡（镇、街道办事处）。

六、障碍层次型

障碍层次型是受成土母质、气候、地形条件限制而造成的障碍层次大、表层地质条件差、土壤侵蚀程度较高的低产田型。该类型往往大多数分布在距村庄较远、交通不便的丘陵沟壑地带和山前洪积扇。干旱、缺水，土壤保水保肥能力差，土壤剖面呈层状或散状料姜或石砾障碍层。有的心土、底土层中夹有料姜石砾层。耕层土壤黏重，有机质含量低，养分缺乏，特别是有效磷更为突出。

河津市障碍层次型中低产田面积为 0.816 3 万亩，占总耕地面积的 2.55％。共有 314 个评价单元，主要分布于樊村镇和僧楼镇。

第二节　生产性能及存在问题

一、坡地梯改型

该类型区地面坡度大于 10°，以中度侵蚀为主，园田化水平较低。土壤类型为褐土性土，土壤母质为洪积物和黄土母质，耕层质地为轻壤。有效土层厚度大于 150 厘米，耕层厚度 18～20 厘米，地力等级多为四级至五级。耕地土壤有机质含量 17.89 克/千克，全氮 0.70 克/千克，有效磷 12.15 毫克/千克，速效钾 170.12 毫克/千克。存在的主要问题是土质粗劣，水土流失比较严重，土体发育微弱，土壤干旱瘠薄，耕层浅。

二、干旱灌溉改良型

分布于汾南二级阶地区的此类中低产田，土壤质地良好，多为蒙金土。表土层多为轻壤，心土层多为中、重壤，易耕种，宜耕期长，保水保肥性强。土壤类型为褐土与潮土，母质为洪积物和黄土母质。园田化水平高，有效土层厚度 150 厘米，耕层厚度 25 厘米，地力等级为三级至五级。主要问题是干旱缺水，水利条件差，灌溉保证率小于 60%，施肥水平低，管理粗放，产量不高。

干旱灌溉改良型土壤有机质含量 18.53 克/千克，全氮 0.74 克/千克，有效磷 18.51 毫克/千克，速效钾 180.92 毫克/千克。

三、瘠薄培肥型

该类型区域土壤轻度侵蚀或中度侵蚀，为旱耕地，以高水平梯田和缓坡梯田居多。土壤类型是褐土与潮土，各种地形、质地均有。有效土层厚度大于 150 厘米，耕层厚度平均 17 厘米，地力等级为三级至五级。耕层养分含量有机质 18.43 克/千克，全氮 0.78 克/千克，有效磷 18.48 毫克/千克，速效钾 205.85 毫克/千克。存在的主要问题是田面不平，水土流失轻度，干旱缺水，土质粗劣，肥力较差。

四、沙化耕地型

该类型土壤主要为风沙土，部分为潮土。地面坡度 5°～8°，耕层土壤质地有沙壤、沙土等。成土母质为河流冲积物和黄土母质，耕层厚度 0～20 厘米，地力等级为三级。

耕地土壤有机质含量为 13.21 克/千克，全氮 0.45 克/千克，有效磷 12.14 毫克/千克，速效钾 101.44 毫克/千克。

五、盐碱耕地型

盐碱耕地型土壤水分多、排水不良、地下水位浅、矿化度高，有不同程度的盐碱危害。地面坡度 0°～5°，其土体构型以夹层型为主，土壤类型为潮土和盐土。耕层土壤质地有沙壤、轻壤等，成土母质为河流冲积物和黄土母质。土体潮湿，通透性差，地温低，耕层厚度 20 厘米，地力等级为三级至四级。

耕地土壤有机质含量为 22.75 克/千克，全氮 0.91 克/千克，有效磷 22.90 毫克/千克，速效钾 212.93 毫克/千克。

六、障碍层次型

该类中低产田受地理位置和成土条件限制，一般地面坡度在 10°～15°。土壤侵蚀类型为褐土性土，土壤母质多为黄土母质。耕层质地多为沙壤，质地构型有壤加黏、通体壤。有效土层厚度大于 150 厘米，耕层厚度 18～20 厘米，地力等级为四级至五级。耕地土壤有机质含量为 28.53 克/千克，全氮 0.93 克/千克，有效磷 15.43 毫克/千克，速效钾 204.15 毫克/千克。存在的主要问题：土壤保水保肥能力差，水土流失比较严重，土壤干旱贫瘠，生产能力很低。

河津市中低产田各类型土壤养分含量平均值统计见表 5-2。

表 5-2　河津市中低产田各类型土壤养分含量平均值统计

类　型	有机质（克/千克）	全氮（克/千克）	有效磷（毫克/千克）	速效钾（毫克/千克）
坡地梯改型	17.89	0.70	12.15	170.12
干旱灌溉改良型	18.53	0.74	18.51	180.92
瘠薄培肥型	18.43	0.78	18.48	205.85
沙化耕地型	13.21	0.45	12.14	101.44
盐碱耕地型	22.75	0.91	22.90	212.93
障碍层次型	28.53	0.93	15.43	204.15
平均值	19.89	0.75	16.60	179.23

第三节　改良利用措施

河津市中低产田面积 19.32 万亩，占总耕地面积的 60.42%。严重影响全市农业生产的发展和农业经济效益的提高，应因地制宜进行改良。

总体上讲，中低产田的改良、耕作、培肥是一项长期而艰巨的任务。通过工程、生物、农艺、化学等综合措施，消除或减轻中低产田土壤限制农业产量提高的各种障碍因素，提高耕地基础地力，其中耕作培肥对中低产田的改良效果是极其显著的，具体措施如下。

1. 施有机肥　增施有机肥能增加土壤有机质含量，改善土壤理化性状并为作物生长提供部分营养物质。据调查，有机肥的施用量达到每年 2 000～3 000 千克/亩，连续施用 3 年，可获得理想效果。主要通过秸秆还田和施用堆肥、厩肥、人粪尿及禽畜粪便来实现。

2. 校正施肥　依据当地土壤实际情况和作物需肥规律选用合理配比，有效控制化肥不合理施用对土壤性状的影响，达到提高农产品品质的目的。

（1）巧施氮肥：速效性氮肥极易分解，通常施入土壤中的氮素化肥的利用率只有25％～50％，或者更低。这说明施入土壤中的氮素，挥发渗漏损失严重。所以在施用氮素化肥时一定要注意施肥方法、施肥量和施肥时期，提高氮肥利用率，减少损失。

（2）重施磷肥：该区地处黄土高原，属石灰性土壤。土壤中的磷常被固定，而不能发挥肥效。加上部分群众重氮轻磷，作物吸收的磷得不到及时补充。试验证明，在缺磷土壤上增施磷肥增产效果明显。可以增施人粪尿与骡马粪堆沤肥，其中的有机酸和腐殖酸能促进非水溶性磷的溶解，提高磷素的活力。

（3）因地施用钾肥：该区土壤中钾的含量虽然在短期内不会成为限制农业生产的主要因素，但随着农业生产进一步发展和作物产量的不断提高，土壤中速效钾的含量也会处于不足状态，所以在生产中，应定期检测土壤中钾的动态变化，及时补充钾素。

（4）重视施用微肥：作物对微量元素肥料需要量虽然很小，但能提高农产品产量和品质，有其他大量元素不可替代的作用。据调查，全市土壤硼、锌、锰、铁等含量均不高，近年来棉花施硼，玉米、小麦施锌试验，增产效果均很明显。

然而，不同的中低产田类型有其自身的特点，在改良利用中应针对这些特点，采取相应的措施，现分述如下。

一、坡地梯改型中低产田的改良作用

1. 梯田工程　该类地形区的深厚黄土层为修建水平梯田创造了条件。梯田可以减少坡长，使地面平整，变降水的坡面径流为垂直入渗，防止水土流失，增强土壤水分储备和抗旱能力。可采用缓坡修梯田，陡坡种林木，增加地面覆盖度。

2. 增加梯田土层及耕作熟化层厚度　新建梯田的土层厚度相对较薄，耕作熟化程度较低。梯田土层厚度及耕作熟化层厚度的增加是这类田地改良的关键。梯田土层厚度的一般标准为：土层厚大于80厘米，耕作熟化层厚度大于20厘米，有条件的应达到土层厚大于100厘米，耕作熟化层厚度大于25厘米。

3. 农、林、牧并重　该类耕地今后的利用方向应是农、林、牧并重，因地制宜、全面发展。该类耕地应发展种草、植树，扩大林地和草地面积，促进养殖业发展，将生态效益和经济效益结合起来，如实行农（果）林复合农业。

二、干旱灌溉改良型中低产田的改良利用

1. 水源开发及调蓄工程　干旱灌溉改良型中低产田地处位置具备水资源开发条件。在这类地区增加适当数量的水井，修筑一定数量的调水、蓄水工程，以保证一年一熟地浇3～4次，毛灌定额300～400立方米/亩；一年两熟地浇4～5次，毛灌定额400～500立方米/亩。

2. 田间工程及平整土地　一是平田整地，采取小畦浇灌，节约用水、扩大浇水面积；

二是积极发展管灌、滴灌，提高水的利用率；三是南垣除适量增加深井外，要进一步修复和提高汾南电灌的潜力，扩大灌溉面积；北垣要充分发挥引黄灌溉的作用，可采取多种措施，增加灌溉面积。

三、瘠薄培肥型中低产田的改良利用

1. 平整土地与条田建设 将平坦垣面及缓坡地规划成条田，平整土地，以蓄水保墒。有条件的地方开发利用地下水资源和引水上垣，逐步扩大垣面水浇地面积。通过水土保持和提高水资源开发水平，发展粮果生产。

2. 实行水保耕作法 在平川区推广地膜覆盖、生物覆盖等旱作农业技术；山地、丘陵推广丰产沟田或者其他高耕作物及种植制度和地膜覆盖、生物覆盖等技术，有效保持土壤水分，满足作物需求，提高作物产量。

3. 大力兴建林带植被 因地制宜地造林、种草与农作物种植有效结合，兼顾生态效益和经济效益，发展复合农业。

四、沙化耕地型中低产田的改良利用

沙化土壤的特点是土壤质地粗糙、土壤结构不良、土体干旱、肥力低下、养分比较贫乏、产量低，改良措施如下。

1. 种植绿肥，增施有机肥 选择耐沙、耐瘠、抗旱的沙打旺和苜蓿等绿肥与农作物轮作。

2. 推广保护性耕作和秸秆还田技术 沙化土壤可实行少耕免耕、早春滚压、播前浅耕施肥或随耕直播、适当深播、播后镇压以减少水分蒸发和散失。种植作物要选种抗风沙能力强的作物。

3. 植树种草 营造防风固沙林带。

五、盐碱耕地型中低产田的改良利用

1. 工程措施 主要有开挖排碱沟、设地下暗管、竖井排盐、客沙压碱以及土层下垫草等，这些措施可以降低地下水位，或可以阻止盐分向地表移动，降低土壤盐分运动对农作物的危害。

2. 生物措施 生物措施是治理盐碱地最有效的途径。通过培育和种植一些耐盐植物，增加地表植被覆盖度，减少蒸发。植物的蒸腾作用可降低地下水位、缓解盐分向地表聚集，植物根系生长可改善土壤物理性状，根系分泌的有机酸及植物残体经微生物分解产生的有机酸还能中和土壤碱性。植物的根、茎、叶返回土壤后又能改善土壤结构，增加有机质，提高肥力。

3. 化学措施 通过化学改良剂与土壤中各种盐离子的相互作用进而改变土壤结构，以达到改良盐碱地的目的。化学改良剂有两方面的作用，一是改善土壤结构，加速洗盐排

碱过程；二是改变可溶性盐基成分，增加盐基代换容量，调节土壤酸碱度。

4. 耕作措施 主要包括盐碱地优化灌溉技术、盐碱地优化施肥技术、盐碱地上农下渔利用技术、盐碱地优化耕作技术等。近年来，保护性耕作措施在盐碱地的治理过程中也发挥了一定的作用。通过少耕、免耕、深松耕、秸秆还田等措施，使地表始终有覆盖物，可减少土壤水分蒸发，减缓盐分向地表转移。作物根系腐烂后，不仅可以使土壤有机质增加，而且能加速土壤熟化，对提高地力具有重要的作用。

六、障碍层次型中低产田的改良利用

障碍层次型中低产田的改良应从工程、耕作技术、生态综合技术等方面进行综合治理。

1. 工程措施 障碍层次中低产田主要是耕层砾石、料姜石含量过大，因此采用"蓄水覆盖丰产沟"技术，将表层土壤集中于沟里，深层土壤集中垄上，一举两得。同时拣去砾石和料姜，实行秸秆还田、种植绿肥、增施有机肥和农家肥，加强科学施肥，熟化、肥沃耕层土壤，坚持 3 年，障碍层就可全消失。从而彻底改变低产现状。

2. 完善耕作改良技术 通过深翻等耕作技术，人工拣取大砾石和料姜，有条件的地方可利用洪水淤泥，加厚活土层。

3. 利用生态综合技术 在该类型中低产田种植核桃、花椒等干果，采取条带栽植技术。同时实行修整梯田、田边打埂，在沟边、田埂种植耐寒、耐瘠牧草，农、果、牧结合，提高该型中低产田的综合生产能力。

第六章　芦笋土壤质量状况及培肥对策

第一节　芦笋土壤质量状况

一、立地条件

河津市芦笋主要分布于黄河滩。土壤类型为风沙土和潮土。风沙土系近代黄河淤积而成，地形平坦，地下水位1.5～5米，土质沙而松散。受暖温带半干旱大陆性季风气候的影响，春季温暖干旱、夏季高温多雨，土壤矿物质的分解与合成旺盛。秋季气温下降，冬季寒冷干燥。pH一般为8.09～8.77，年平均气温在13～14℃，高于全市平均值，降水量低于全市平均值。该区最大的特点是：天多风，地多沙。风沙土的矿物质颗粒较粗，通常大于0.05毫米的土粒含量占总土粒的70%以上，0.01～0.05毫米的土粒大于20%，0.01毫米的物理性黏粒含量占5%左右，小于0.001毫米的细小黏粒多在0.5%～1.5%。土壤阳离子代换量小，多在5%左右，土壤保肥性极差。有机质小于4克/千克，最低仅为0.55克/千克，土壤肥力极低。风沙土亦具有黄土的富钙特性，土壤中的碳酸钙含量多大于50克/千克，并在季节性降水的淋溶下，开始向下移动，在心土、底土层中累积，间或可见到淀积后形成的少量白色假菌丝状的石灰淀积物，有向褐土方向发育的趋势。

（一）耕种风沙土

该土壤表层为沙壤土，耕层厚度16厘米，全剖面有中度石灰反应。该土壤成土条件较稳定，具有一定时期的耕种历史，土壤肥力相对较高。改变了原来自然土壤的肥力特征。该土被耕垦后，一年一作，前几年主要种植小麦、棉花、花生等。耕种风沙土的心土、底土层隐约可见到石灰淀积物，表明土壤具有一定的发育程度，有向褐土方向发育趋势。

该土壤虽然经过人为的耕种、培肥等生产活动，但土壤的肥力仍较低。这主要是由于土质粗，孔隙大，通透性强，保水保肥性弱；有机质的矿化速率大，养分转化快、不易积累。耕性良好，易发苗，但由于肥劲短促，发小苗不发老苗。该土孔隙大，孔隙多，导温率小，温差大，温度变化快，属热性土。水、肥、气、热状况不协调，土壤肥力不高。在灌溉时应控制灌水量，防止过量浇灌造成水肥渗漏。以提高其水肥的经济效益。

耕种风沙土根据其生产性能的特征，可选种耐旱、耐瘠薄、抗风的早熟作物。以便早播种、早收获，同时可进行粮肥轮作，加速土壤熟化，改善土壤的理化特性，提高土壤肥力。

（二）潮土（浅色草甸土）

土壤草甸化过程正在继续进行，而且比较明显，心土和底土层中有明显的锈纹锈斑，土体潮湿。成土母质为近代河流洪积—冲积物，层次十分明显。冲积物多为黄土物质，富含碳酸钙，石灰反应强烈，pH 在 8.1～8.7。海拔 372～376 米，地下水位 1.5～2.5 米。分为 2 个土属。

1. 浅色草甸土　该土属所处的地势起伏不平，汛期有被淹没冲毁的威胁。成土时间短，受冲积影响强烈，质地较粗，均为沙土，仅有通体沙土浅色草甸土 1 个土种。浅色草甸土沙性大，保水保肥和供水供肥性差，养分贫乏，农业利用较困难。应继续进行规划分区，营造防风林带，种植绿肥牧草，改良土壤。

2. 耕种浅色草甸土　成土母质为河流冲积、沉积物，成土时间较长，地下潜水升降，氧化与还原交替进行，土体心土、底土层间或可见到铁物质聚积的锈纹锈斑，草甸化特征明显。由于成土母质主要为冲积、沉积物，剖面层理明显，质地差异较大，适宜芦笋种植土壤主要有 4 个土种。

（1）轻壤底黏耕种浅色草甸土：耕层厚度 20 厘米，质地轻壤；62 厘米以下出现厚度为 40 厘米左右的重壤土层（即垆土层）；垆土层下为轻壤土。全剖面强石灰反应。冲积层理清晰。草甸化过程明显，在底土层中隐约可见到锈纹锈斑。该土受冲积影响，沉积的土粒较粗，细小黏粒含量极少，质地偏轻，土壤养分含量较低，土壤的阳离子代换量较小，保肥性差。但心土层以下有较厚的垆土层，可以截留土壤的养分和水肥，起到托水托肥的作用。水肥条件优越，产量水平较高，是汾河沿岸的高产土壤类型。

（2）通体重壤耕种浅色草甸土：地势较低，冲积物的颗粒细小，质地较黏，层次厚达 1 米以上，并在底土层中显现铁质锈斑，表明土壤的草甸化过程正在进行或在间断进行。全剖面强石灰反应、潮湿，有少量炭渣侵入。该土土壤有机质含量较多，土质肥沃。在长期的耕作条件下，土壤结构较好，微团聚体多，具有较好的保水保肥性。由于地下水位浅，毛管作用强烈，土壤水分较多，土壤的供水性能较好。但土壤热容量大，土壤温度低，土性冷凉，属凉性土。土壤养分分解释放慢，发老苗、不发小苗，肥劲前小后足，易造成贪青晚熟。

（3）通体沙土耕种浅色草甸土：全剖面为通体沙土，无黏结性、可塑性和黏着性。土壤松散，无结构，通透性强，保水保肥及供水供肥性极差，漏水漏肥。肥力极低，土壤风蚀严重，具有形成风沙土的潜在危险。

（4）沙壤腰黏耕种浅色草甸土：耕层厚 23 厘米左右，质地沙壤。47 厘米以下出现黏土层，终至深度 73 厘米，厚 26 厘米。表土沙壤，易耕易种，黏土层能托水托肥，阻隔盐分，是一种较好的耕作土壤类型。

总之，耕种浅色草甸土分布地势低平、水肥条件优越，加之地下水位浅，可通过毛管作用供给作物生长。土壤耕性好，保水保肥及供水供肥性较好，具有较高的生产水平。

二、养分状况

种植芦笋土壤的养分状况直接影响芦笋的品质和产量，从而对笋农收入造成一定的影响，对河津市 150 个芦笋土壤采样点的土壤养分进行了分析（由于芦笋耕作管理，具有其自身的特殊性，在采样时尽量避开施肥区域）。从分析结果可知，全市芦笋土壤总体养分含量偏低，土壤有机质含量属三级水平，全氮含量属五级水平，有效磷和速效钾含量分别属三级水平和四级水平。

（一）不同行政区域芦笋土壤养分状况

通过对和平农场、苍头、永安、连伯等地的土壤养分进行检测，从养分测定结果看，河津市芦笋土壤有机质平均含量为 13.76 克/千克，属省三级水平；全氮平均含量为 0.52 克/千克，属省五级水平；有效磷为 17.95 毫克/千克，属省三级水平；速效钾平均含量为 129.99 毫克/千克，属省四级水平。微量元素中，除有效锌为 1.47 毫克/千克，属省三级水平外，其他有效铜、有效铁、有效锰、有效硼含量分别为 0.76 毫克/千克、5.02 毫克/千克、7.25 毫克/千克、0.93 毫克/千克，均属省四级水平，含量偏低。河津市芦笋土壤pH 平均为 8.49（表 6-1）。

表 6-1　不同区域芦笋土壤主要养分及 pH 结果统计

地点	有机质（克/千克）	全氮（克/千克）	有效磷（毫克/千克）	速效钾（毫克/千克）	pH
苍头村	12.66	0.36	12.85	79.13	8.52
永安村	15.23	0.69	18.64	129.17	8.36
连伯村	17.20	0.73	16.81	230.54	8.45
和平农场	9.93	0.31	23.51	81.10	8.64
平均值	13.76	0.52	17.95	129.99	8.49

从测定结果看，河津市芦笋土壤有机质含量中等水平，和平农场有机质平均含量为 9.93 克/千克，属于较低含量；全市芦笋土壤有效磷平均含量为 17.95 毫克/千克，含量中等，但两极分化严重。此外，全市芦笋土壤平均 pH 达到 8.49。

（二）不同土壤类型土壤养分含量状况

河津市芦笋种植土壤类型主要有风沙土和潮土两大土类。从其养分状况看，有机质、全氮、有效磷、速效钾等平均含量，潮土均高于风沙土。见表 6-2。

表 6-2　芦笋不同土壤类型主要养分含量状况

土壤亚类	有机质（克/千克）	全氮（克/千克）	有效磷（毫克/千克）	速效钾（毫克/千克）	pH
潮土（草甸土）	20.26	0.86	21.57	202.13	8.44
耕种风沙土	19.32	0.85	21.30	186.70	8.49
平均值	19.79	0.86	21.44	194.42	8.47

三、质量状况

河津市种植芦笋土壤主要是潮土和风沙土。土壤质地以沙土为主，也有部分黏壤质土和沙壤土。通体沙土，无黏结性、可塑性和黏着性。土壤松散，无结构，通透性强，保水保肥及供水供肥性极差，漏水漏肥，肥力极低。通体石灰反应较为强烈，呈微碱性。土壤耕性较好，保肥保水性能适中，肥力水平相对较好。

据对河津市 150 个芦笋地块土壤的养分含量分析显示，有机质含量为 9.93～17.20

克/千克，属三级至五级，差别较大，全氮含量为 0.31~0.73 克/千克，属四级至六级，含量较低，有效磷各点含量相差不大，速效钾含量差异较大。大部分芦笋地块土壤有机质含量偏低，虽然灌溉条件较好，但缺乏合理灌溉，漏肥漏水严重。笋农技术相对较低，耕作管理得比较粗放，种植效益不高。和平农场采用机械化、集约化、产业化的经营模式，大面积示范应用滴灌、喷灌、测土配方施肥、生物防治等技术，芦笋种植效益逐年提高。

根据对全市芦笋田土壤的环境质量调查发现，常年使用农药、化肥，经各种途径进入土壤，虽然土壤的各项污染因素均不超标，但存在潜在的威胁，要引起注意。

四、生产管理状况

（一）施肥情况

提高芦笋产量、质量，培肥芦笋土壤，施肥是关键。经过对河津市芦笋田土壤养分基本情况的调查显示，150 个点位施有机肥的有 120 个点，占调查点位的 80%；其中有机、无机肥配合施用的有 120 个点，占调查点位的 80%；单施无机化肥的有 30 个点，占调查点位的 20%，没有单施有机肥和不施任何肥料的点位。河津市 150 个调查点，平均施用有机肥 1 200 千克/亩，平均施用纯氮 14 千克/亩，平均施用五氧化二磷 19.50 千克/亩，平均施用氧化钾 11.2 千克/亩。不同地块施肥情况有所不同。

1. 耕种风沙土区域施肥现状 河津市耕种风沙土区域有机肥平均施用量约为 1 600 千克/亩，氮肥（N）为 20.6 千克/亩，磷肥（P_2O_5）为 9.85 千克/亩，钾肥（K_2O）为 7.61 千克/亩。在所调查的样点中均施有机肥，不存在单施有机肥和不施任何肥料的样点。在所调查的样点中，有机肥的施入量存在较大差异，最大施肥量为 3 000 千克/亩，最小施肥量为 600 千克/亩。

2. 潮土区域施肥现状 经过对潮土区域样点施肥现状的调查发现，所有样点中有 20 个样点不施有机肥，其余样点都是有机、无机配合施用的，不存在不施任何肥料的样点。平均施有机肥为 1 100 千克/亩，施氮肥（N）为 18.2 千克/亩，施磷（P_2O_5）为 15.0 千克/亩，施钾肥（K_2O）为 9.3 千克/亩。

（二）灌溉耕作管理情况

灌溉耕作管理措施也是培肥土壤不可缺少的环节。

从对河津市 150 个芦笋地块土壤调查的结果看，所调查的土壤地块灌溉条件较好，灌溉方式有漫灌、滴灌、喷灌。漫灌的有 105 个点，占调查点位的 70%；滴灌有 8 个点，占调查点位的 5.3%；喷灌有 37 个点，占调查点位的 24.7%。从不同芦笋田块灌水量情况看，差异较大，平均年灌水 4.1 次，灌水量平均为 235.1 吨/亩。漫灌田年灌水量平均为 260.4 吨/亩，滴灌田年灌水量为 156.6 吨/亩，喷灌田的灌水量为 180.2 吨/亩。

从所调查的 150 个土壤点位来看，管理水平好的有 102 个点，占调查点位的 68%；管理水平中等的有 42 个点，占调查点位的 28%；管理水平较差的有 6 个点，占调查点位的 4%。从不同区域的管理水平来看，和平农场及周边苍头村的芦笋管理水平较高，连伯村、永安村管理水平较差。

五、主要存在问题

经调查发现，河津市芦笋田土壤在施肥和耕作方面有许多不足，主要存在问题如下。

1. 不重视有机肥的施用 由于化肥的快速发展，牲畜饲养量的减少，在优质有机肥先满足果、菜等作物的情况下，芦笋田施用的有机肥严重不足。据调查，河津市芦笋田土壤平均亩施有机肥为 1 200 千克，优质有机肥的施用量则更少。有机肥的增施可以提高土壤的团粒结构，改善土壤的通气透水性，保水、保肥和供肥性能。根据调查情况可以看出，不施用或施用较少有机肥的芦笋田，土壤漏肥漏水严重，芦笋品质较差、产量较低，植株生长易发病害。

2. 化肥施用配比不当 由于笋农对化肥及有机肥的了解不够，以致出现了盲目施肥现象。调查中发现，施肥中的氮、磷、钾等养分比例不当。根据芦笋的需肥规律，每亩生产 400 千克芦笋，每年需纯氮（N）10.88 千克、磷（P_2O_5）7 千克、钾（K_2O）9.5 千克，氮、磷、钾配比为 1：0.64：0.87，而调查结果氮、磷、钾配比为 1：1.1：0.5，部分农户的施用配比更不科学，而且有不少肥料浪费现象。

3. 微量元素肥料施用量不足 调查发现，在微量元素肥料的施用上，施用面积和施用量都少。而且施用时期掌握不好，往往是在出现病症后补施，或是在治理病虫害过程中，施用掺杂有微量元素的复合农药制剂。此外，由于氮、磷等元素的盲目施用，致使土壤中元素间拮抗现象增强，影响微量元素的有效性。

4. 灌溉耕作管理缺乏科学合理性 由于笋农的专业技术素质比较低，对科学管理重视不够，在灌溉耕作方面的科学合理性严重缺乏。灌溉时间不合理，往往是在土壤严重缺水时才灌溉。灌溉量不科学，有的过量灌水，造成肥水渗漏，资源浪费。耕作上改善土壤理化性状和土壤的保水保肥性能方面缺乏有效措施。

第二节 土壤培肥

根据当地立地条件和芦笋田土壤养分状况分析结果，按照芦笋的需肥规律和土壤改良原则，结合今后发展方向以及国际市场对芦笋质量的高标准要求，建议培土措施如下。

一、增施土壤有机肥，尤其是优质有机肥

优质笋田要求土壤有机质含量在 15 克/千克以上。河津市大多数芦笋田土壤有机质含量在 10 克/千克左右，甚至更低，势必影响全市芦笋品质和经济效益。由于笋农习惯速效性化肥的使用，而不重视有机肥的使用，造成芦笋根盘发育不好，单产低、品质差，所以应增加有机肥的使用量。一般每年应施优质有机肥 2 500 千克左右，盛产期以及土壤有机质含量低于 10.0 克/千克的芦笋田，每年应亩施优质有机肥 3 000～5 000 千克。在施用有机肥的同时，配以适量氮、磷肥，效果更佳。一方面减少磷素被土壤的固定，另一方面促进有机肥中各养分的转化，培肥地力，满足芦笋生长的需求，提高芦笋根盘养分储量。根

据河津市芦笋田实际情况，在耕种性风沙土地块，积极推广客土改良、增施精制有机肥、增施硫酸亚铁、测土配方施肥等技术，提高土壤有机质含量，培肥地力。除此之外，在土壤含盐量达 0.3% 以上的芦笋田，通过开挖排水沟，合理灌排，降低土壤含盐量。

二、合理调整化肥施用比例和用量

根据土壤养分状况、施肥状况、芦笋施肥与土壤养分的关系，结合芦笋施肥规律，提出相应的施肥比例和用量。一般条件下，在亩施 2 000～3 000 千克有机肥的基础上，亩产 500 千克芦笋，每年需纯氮（N）15.0 千克、磷（P_2O_5）8.75 千克、钾（K_2O）11.9 千克。

三、科学的灌溉和耕作管理措施

根据芦笋需水量及实际降水量因素等确定灌水定额。灌水定额确定后，结合芦笋的需肥规律、降水情况和土壤墒情确定灌水次数、灌水时间和每次的灌水量。

正常年份全年平均需灌 4 次关键水。原则上既要节水，又要基本保证芦笋的需水量。全生育期每亩灌溉定额约为 120 立方米，分 4～5 次灌完，每次每亩滴水 25 立方米左右。适宜灌水量为达到土壤田间最大持水量的 60%～80% 为宜，当土壤田间最大持水量低于 60% 时应进行灌水，具体灌水时期如下：

1. 萌芽水　当地温达到 5 ℃左右时，芦笋鳞芽开始活动生长。经过冬季休眠，芦笋从萌芽到嫩茎相继抽生出地面，长到一定的标准采收。此期间芦笋靠上年养分积累，在储藏根中储存的大量同化产物分解转化，供给地上茎不断生长。萌芽期需要大量的水分。芦笋 2 月下旬至 3 月上旬开始萌动，结合起垄浇足萌芽水。

2. 平垄水　采笋结束后要及时平垄，以延长芦笋茎叶生长期，增加根盘中同化养分的积累量。为了恢复芦笋的生长势，平垄前及时浇水，促进芦笋发育。

3. 秋发水　秋发期指立秋到秋分这段时间，气候较为凉爽，十分适宜芦笋生长。秋发水在芦笋栽培管理中起着至关重要的作用。芦笋嫩茎是由上一年储藏在根茎的同化养分为原料而形成的，储藏的同化养分直接影响翌年芦笋的产量和品质。因此生产上要及时浇好秋发水，以保证芦笋茎叶繁茂。

4. 封冻水　立冬前后，土壤冻结之前，为使土壤保持适宜的湿度，防止冬旱，确保芦笋安全越冬，及时浇好封冻水。

四、合理的施肥方法和施肥时期

根据土壤养分测定结果以及芦笋的需肥规律和产量水平，确定合理的施肥量及氮、磷、钾、锌、硼等养分的施用比例和相应的施肥技术。芦笋是一种喜肥作物，生产中应有机肥与化肥合理搭配使用。亩产 500 千克芦笋约需氮 15.0 千克、磷 8.75 千克、钾 11.9 千克。一般每年追施 3～4 次肥。春季结合起垄追施 1 次，占全年总施肥量的 10%；采笋期间追施 1 次，以速效型肥料为主，占全年施肥量的 10%左右；采收结束后，结合平垄施肥 1 次，占全年总施肥量的 10%；采笋后 1 个月左右，是芦笋全年需肥的高峰期，占全年施肥量的 70%，同时每亩增施农家肥 5 000 千克。

五、配套技术

1. 选用优种 芦笋品种的优劣是决定芦笋产量、品质的主要因素，是芦笋栽培最基本的先决条件。因此选择种植阿特拉斯、格兰德、阿波罗等 F$_1$ 代优良品种。

2. 科学采笋

（1）芦笋采收前的准备

① 清园。清园是对芦笋田茎、枝、叶和杂草进行彻底清除。目的是为了便于耕作采收，消灭病菌虫源，控制病虫害发生。一般在 2 月下旬进行。

② 消毒。用百菌清 600～800 倍液或多菌灵 300～500 倍液喷洒地表，消灭病源。

③ 中耕松土。消毒后及时对笋田进行耕耙。

④ 起垄。当地温达到 10 ℃左右时，开始起垄。河津市起垄一般在 3 月 15 日前后，起垄的高度和宽度应根据加工厂收购原料的标准和根盘的大小而定。一般垄底宽度应超过根盘范围两侧 20～30 厘米，垄顶宽度相当于垄底宽度的 2/3，高度比工厂要求长 1～2 厘米。

（2）采收时间和方法：

① 采收时间。从 4 月上旬开始到 6 月下旬结束。

② 采收方法。采用留母茎采收。

3. 其他管理措施

（1）修整垄形：经常添加新土，保持垄形的宽度和高度。

（2）及时除草：采笋期间及时除掉田间杂草。

（3）加强母茎管理：一是严防母茎倒伏，二是及时防治病虫害。

芦笋田土壤的耕作，应注意耕翻和中耕除草。深耕可以改善根系分布层土壤的结构和理化性状，促进团粒结构的形成，降低土壤容重，增加孔隙度，提高土壤蓄水保肥能力和透气性。中耕的主要目的在于清除杂草，保持土壤疏松，减少水分、养分的散失和消耗。

第七章 耕地地力调查与质量评价的应用研究

第一节 耕地资源合理配置研究

一、耕地数量平衡与人口发展配置研究

河津市人多地少，耕地后备资源不足。2011年耕地面积31.98万亩，人口数量达39.67万人，人均耕地仅为0.81亩。从耕地保护形势看，由于全市农业内部产业结构调整，退耕还林，山庄撂荒，公路、乡（镇）企业基础设施等非农建设占用耕地，导致耕地面积逐年减少，由2000年的35.63万亩下降到2011年的31.98万亩，而人口却由2000年的36.1万人增加到2011年的39.67万人，人地矛盾将出现严重危机。从河津市人民的生存和全市经济可持续发展的高度出发，采取措施，实现全市耕地总量动态平衡刻不容缓。

实际上，河津市扩大耕地总量仍有很大潜力，只要合理安排、科学规划、集约利用，就完全可以兼顾耕地与建设用地的要求。实现社会经济的全面、持续发展。从控制人口增长，村级内部改造和居民点调整，退宅还田，开发复垦土地后备资源和废弃地等方面着手增大耕地面积。

二、耕地地力与粮食生产能力分析

（一）耕地粮食生产能力

耕地生产能力是决定粮食产量的重要因素之一。近年来，由于种植结构调整和建设用地、退耕还林还草等因素的影响，耕地面积在不断减少，而人口在不断增加，对粮食的需求量也在增加。保证全市粮食需求，挖掘耕地生产潜力已成为农业生产中的大事。

耕地的生产能力是由土壤本身肥力作用所决定的，其生产能力分为现实生产能力和潜在生产能力。

1. 现实生产能力 河津市现有耕地面积为31.98万亩（包括已退耕还林及园林面积），而中低产田就有19.32万亩，占耕地总面积的60.42%，这必然造成全市现实生产能力偏低的现状。再加之农民对施肥，特别是有机肥的忽视，以及耕作管理措施的粗放，这都是造成耕地现实生产能力不高的原因。2011年，全市粮食播种面积为48.1万亩，总产量为165 200吨。其中，小麦面积25.00万亩，总产78 700吨；玉米面积23.10万亩，总产86 500吨。豆类1.65万亩，总产1 240吨；薯类0.31万亩，总产1 259吨；蔬菜面积4.328万亩，总产74 348吨；瓜类面积0.091 3万亩，总产1 678吨；水果2.6万亩，

总产 43 926 吨。见表 7-1。

表 7-1 河津市 2011 年主要作物产量统计

项 目	总产量（万吨）	平均单产（千克）
粮食总产量	16.52	343.45
小麦	7.87	314.8
玉米	8.65	374.5
豆类	0.12	72.7
薯类	0.13	406
蔬菜	7.44	1 718
瓜类	0.17	1 838
水果	4.39	1 689

目前，河津市土壤有机质含量平均为 20.08 克/千克，全氮平均含量为 0.82 克/千克，有效磷含量平均为 18.70 毫克/千克，速效钾平均含量为 200.68 毫克/千克，pH 平均为 8.49。

河津市耕地总面积 31.98 万亩（包括退耕还林及园林面积），其中水浇地 26.304 万亩，占总耕地面积的 82.25%；旱地面积 5.676 万亩，占总耕地面积的 17.75%。中低产田 19.32 万亩，占耕地总面积的 60.42%。

2. 潜在生产能力 生产潜力是指在正常的社会秩序和经济秩序下所能达到的最大产量。从历史的角度和长期的利益来看，耕地的生产潜力是比粮食产量更为重要的粮食安全因素。

河津市是全省粮食生产基地之一，土地资源较为丰富，土质较好，光热资源充足。全市现有耕地中，一级地 70 019.5 亩，占总耕地面积的 21.89%；二级地 88 668.3 亩，占总耕地面积的 27.72%；三级地 98 094.74 亩，占总耕地面积的 30.67%；四级地 38 278.63 亩，占总耕地面积的 11.97%；五级地 24 761.34 亩，占总耕地面积的 7.75%。经过对全市地力等级的评价得出，31.98 万亩耕地以全部种植粮食作物计，其粮食最大生产能力为 22 192.22 万千克，平均单产可达 382.6 千克/亩，全市耕地仍有很大生产潜力可挖。

纵观河津市近年来的粮食、油料作物、蔬菜的平均亩产量和全市农民对耕地的经营状况，全市耕地还有巨大的生产潜力可挖。如果在农业生产中加大有机肥的投入，采取测土配方施肥措施和科学合理的耕作技术，全市耕地的生产能力还可以提高。从近几年全市对小麦、玉米测土配方施肥观察点经济效益的对比来看，配方施肥区较习惯施肥区的增产率都在 8% 左右，甚至更高。如果能进一步提高农业投入比重，提高劳动者素质，下大力气加强农业基础建设，特别是农田水利建设，稳步提高耕地综合生产能力和产出能力，实现农林牧的结合就能增加农民经济收入。

（二）不同时期人口、食品构成与粮食需求分析预测

农业是国民经济的基础，粮食是关系国计民生和国家自立与安全的特殊产品。从新中国成立初期到现在，全市人口数量、食品构成和粮食需求都在发生着巨大变化。新中国成立初期居民食品构成主要以粮食为主，也有少量的肉类食品，水果、蔬菜的比重很小。随着社会进步、生产的发展，人民生活水平逐步提高。到 20 世纪 80 年代初，居民食品构成依然以粮食为主，但肉类、禽类、油料、水果、蔬菜等的比重均有了较大提高。到 2011 年，全市人口增至 39.67 万人，居民食品构成中，粮食所占比重有明显下降，肉类、禽蛋、水产品、乳制品、油料、水果、蔬菜、食糖却都占有相当比重。

河津市粮食人均需求按国际通用粮食安全 400 千克计，共有人口 39.67 万人，全市粮食需求总量达 15.88 万吨。人口增长按 0.62% 计，人口的增加对粮食的需求产生了极大的影响。

河津市粮食生产还存在着巨大的增长潜力。随着资本、技术、劳动投入、政策、制度等条件的逐步完善，全市粮食产量将稳定增加。

（三）粮食安全警戒线

粮食是人类生存和社会发展最重要的产品，是具有战略意义的特殊商品，粮食安全不仅是国民经济持续健康发展的基础，也是社会安定、国家安全的重要组成部分。前些年世界粮食危机已给一些国家经济发展和社会安定造成一定不良影响。近年来，随着农资价格上涨，种粮效益低及自然灾害等因素影响，全市粮食单产徘徊不前，所以必须对粮食安全问题给予高度重视。

三、耕地资源合理配置意见

在确保粮食生产安全的前提下，优化耕地资源利用结构，合理配置其他作物占地比例。为确保粮食安全需要，对全市耕地资源进行如下配置：全市现有 31.98 万亩耕地中，其中 20 万亩用于种植粮食，以满足全市人口的粮食需求。其余 11.98 万亩耕地用于蔬菜、水果、中药材、油料等作物生产，其中瓜菜地 4.5 万亩，占用耕地面积的 14.07%；果树占地 4.5 万亩，占用 14.07%；其他经济作物占地 2.98 万亩，占用耕地面积的 9.32%。核桃经济林主要发展在山坡地。

根据《中华人民共和国土地管理法》和《基本农田保护条例》划定河津市基本农田保护区，将水利条件、土壤肥力条件好，自然生态条件适宜的耕地划为口粮和国家商品粮生产基地，严禁占用。在耕地资源利用上，必须坚持基本农田总量平衡的原则。一是建立完善的基本农田保护制度，用法律保护耕地；二是明确各级政府在基本农田保护中的责任，严控占用保护区内耕地，严格控制城乡建设用地；三是实行基本农田损失补偿制度，实行谁占用、谁补偿的原则；四是建立监督检查制度，严厉打击无证经营和乱占耕地的单位和个人；五是建立基本农田保护基金，市政府每年投入一定资金用于基本农田建设，大力挖潜存量土地；六是合理调整用地结构，用市场经营利益导向调控耕地。

同时，在耕地资源配置上，要以粮食生产安全为前提，以农业增效、农民增收为目标，逐步提高耕地质量，调整种植业结构，推广应用无公害、绿色、有机食品栽培技术，提高耕地利用率。

第二节 耕地地力建设与土壤改良利用对策

一、耕地地力现状及特点

耕地质量包括耕地地力和土壤环境质量两个方面，本次调查与评价共涉及耕地土壤点位 3 802 个。经过历时 3 年的调查分析，基本查清了全市耕地地力现状与特点。

（一）耕地土壤养分含量不断提高

从本次调查结果看，河津市耕地土壤有机质含量为 20.08 克/千克，属省二级水平，与第二次土壤普查的 11.2 克/千克相比提高了 8.88 克/千克；全氮平均含量为 0.82 克/千克，属省四级水平，与第二次土壤普查的 0.60 克/千克相比提高了 0.22 克/千克；有效磷平均含量 18.70 毫克/千克，属省三级水平，与第二次土壤普查的 12.44 毫克/千克相比提高了 6.26 毫克/千克；速效钾平均含量为 200.68 毫克/千克，属省二级水平，与第二次土壤普查的平均含量 123.43 毫克/千克相比提高了 77.25 毫克/千克。中微量元素养分含量有效铜 1.01 毫克/千克，属省级三级水平；有效锰 12.42 毫克/千克，属省级四级水平；有效锌 1.64 毫克/千克，属省级二级水平；有效铁 5.82 毫克/千克，属省级四级水平；水溶态硼 1.13 毫克/千克，属省级三级水平；有效硫 32.45 毫克/千克，属省级四级水平。pH 平均为 8.49。

（二）平川面积大，土壤质地好

据调查，河津市 78.13% 的耕地为川台平原，主要分布在山前倾斜平原、南北两垣、一级和二级阶地，其地势平坦，土层深厚，其中大部分耕地坡度小于 6°，十分有利于现代化农业的发展。

（三）耕作历史悠久，土壤熟化度高

据史料记载，河津是一个古老的农业区，水利开发较早，汉唐时期曾是著名的"粮仓"之一，大约在元代开始植棉。农业历史悠久，土质良好，加以多年的耕作培肥，土壤熟化程度高。据调查，有效土层厚度平均达 150 厘米以上，耕层厚度为 19～25 厘米，适种作物广，生产水平高。

二、存在主要问题及原因分析

（一）中低产田面积较大

据调查，河津市共有中低产田面积 193 240.50 亩，占耕地总面积的 60.42%，按主导障碍因素，共分为 6 个类型。盐碱耕地型 9 418.5 亩，占耕地总面积的 2.95%；沙化耕地型 6 485.79 亩，占耕地总面积的 2.03%；障碍层次型 8 163.28 亩，占耕地总面积的 2.55%；干旱灌溉改良型 71 107.8 亩，占耕地总面积的 22.23%；坡地梯改型 25 272.15 亩，占耕地总面积的 7.90%；瘠薄培肥型 72 792.98 亩，占耕地总面积的 22.76%。

中低产田面积大、类型多。主要原因：一是自然条件恶劣，全市地形复杂，山、川、沟、垣、塬俱全，水土流失严重；二是农田基本建设投入不足，中低产田改造措施不力；

三是农民耕地施肥投入不足，尤其是有机肥施用量仍处于较低水平。

（二）耕地地力不足，耕地生产率低

河津市耕地虽然经过排、灌、路、林综合治理，农田生态环境不断改善，耕地单产、总产呈现上升趋势，但近年来，农业生产资料价格一再上涨，农业成本较高，大大挫伤了农民种粮的积极性。一些农民通过增施氮肥取得产量，耕作粗放，结果致使土壤结构变差，造成土壤养分恶性循环。

（三）施肥结构不合理

作物每年从土壤中带走大量养分，主要是通过施肥来补充，因此，施肥直接影响到土壤中各种养分的含量。近几年在施肥上存在的问题，突出表现在"三重三轻"。一是重特色产业、轻普通作物；二是重复混肥料、轻专用肥料，随着我国化肥市场的快速发展，复混（合）肥异军突起，其应用对土壤养分的变化也有影响，许多复混（合）肥杂而不专，农民对其依赖性较大，而对于自己所种作物需什么肥料、土壤缺什么元素，底子不清，导致盲目施肥；三是重化肥使用、轻有机肥使用，近些年来，农民将大部分有机肥施于菜田、果园，特别是优质有机肥，而占很大比重的耕地有机肥却施用不足。

三、耕地培肥与改良利用对策

（一）多种渠道提高土壤肥力

1. 增施有机肥，提高土壤有机质　近年来，由于农家肥来源不足和化肥的发展，全市耕地有机肥施用量不够，可以通过以下措施加以解决。一是广种饲草，增加畜禽，以牧养农；二是大力种植绿肥，种植绿肥是培肥地力的有效措施，可以采用粮肥间作或轮作制度、果园生草；三是大力推广秸秆还田是目前增加土壤有机质最有效的方法。

2. 合理轮作，挖掘土壤潜力　不同作物需求养分的种类和数量不同，根系深浅不同，吸收各层土壤养分的能力不同，各种作物遗留残体成分也有较大差异。因此，通过不同作物合理轮作倒茬，保障土壤养分平衡。要大力推广粮、油轮作，玉米、大豆立体间套作，小麦、大豆轮作等技术模式，实现土壤养分协调利用。

（二）巧施氮肥

速效性氮肥极易分解，通常施入土壤中的氮素化肥的利用率只有 $25\%\sim50\%$，或者更低。这说明施入土壤中的氮素，挥发渗漏损失严重。所以在施用氮肥时一定要注意施肥量、施肥方法和施肥时期，提高氮肥利用率，减少损失。

（三）重施磷肥

河津市地处黄土高原，属石灰性土壤，土壤中的磷常被固定，而不能发挥肥效。加上长期以来群众重氮轻磷，作物吸收的磷得不到及时补充。试验证明，在缺磷土壤上增施磷肥增产效果明显，可以增施人粪尿、畜禽肥等有机肥，其中的有机酸和腐殖酸促进非水溶性磷的溶解，提高磷素的活力。

（四）因地施用钾肥

河津市土壤中钾的含量虽然在短期内不会成为限制农业生产的主要因素，但随着农业生产进一步发展和作物产量的不断提高，土壤中速效钾的含量也会处于不足状态，所以在

生产中，应定期监测土壤中钾的动态变化，及时补充钾素。

（五）重视施用微肥

微量元素肥料，作物的需要量虽然很少，但对提高农产品产量和品质却有大量元素不可替代的作用。据调查，河津市土壤中微量元素除有效锌为省二级水平外，其余均处在省三级、四级水平。近年来玉米施锌和小麦施硫试验，增产效果很明显。

（六）因地制宜，改良中低产田

河津市中低产田面积比较大，影响了耕地地力水平。因此，要从实际出发，分类配套改良技术措施，进一步提高全市耕地地力质量。

四、成果应用与典型事例

典型1——实施测土配方，芦笋喜获丰收

河津市和平农场位于河津市阳村乡连伯村西南8千米处，是由运城市人大代表张和平于2003年创建的一个农业产业化龙头企业。农场占地3万亩，目前已投资7 000余万元，主要经营地头芦笋加工厂，万亩有机GAP高效芦笋示范园，万亩无公害小麦、玉米粮食种植基地和5 000亩有机"旱脆王"红枣示范园。从芦笋采收到罐头下线仅需2小时，已初步形成"种植＋加工＋销售"的全产业链。和平农场2005年、2007年、2008年三年被农业部评为全国十大种粮大户标兵，2008年荣膺"运城市农业产业化龙头企业"。是山西省2 000万亩耕地综合生产能力建设工程省级示范区，是运城市农业委员会、河津市农业委员会确定的"芦笋示范园"。

2009—2011年，连续3年在和平农场实施芦笋测土配方施肥。得到和平农场广大干部职工积极配合，本着认真求实的科学发展态度，脚踏实地、严格操作、齐心协力、共同努力，使和平农场的测土配方施肥工作取得了丰硕的成果。2011年和平农场芦笋喜获丰收，亩产达到490千克，比常年产量增加2％，万亩芦笋总增产10万千克，按每千克8元计算，总增值80万元，亩节省肥料投资1.6元，共计节省肥料投资1.6万元，总节本增效81.6万元。

1. 测土配方施肥 为了做好土样采集化验工作，河津市土壤肥料工作站技术人员和农场职工共同组成了采样小组，对该农场芦笋各代表地块进行了规范性的土样采集。经过土样化验，和平农场土壤养分平均值为：有机质9.13克/千克，全氮0.52克/千克，碱解氮33.5毫克/千克，有效磷11.3毫克/千克，速效钾107.4毫克/千克，有效铁4.57毫克/千克，有效锰6.95毫克/千克，有效铜0.51毫克/千克，有效锌0.67毫克/千克，pH为8.69。从总体上看和平农场土壤养分含量比较低，pH比较高。结合2009年和2010年测试取得的土壤养分数据，综合分析，制订了和平农场芦笋的施肥配方为13-13-12。和平农场还同丰喜集团签订了肥料供应合同，由丰喜集团生产芦笋配方肥500吨用于芦笋的生产。

2. 因地制宜，规范管理 因为和平农场土壤沙化严重、营养瘠薄，有机质含量低，为了培肥土壤，必须增施有机肥。为此和平农场专门建成一座占地10 000平方米的有机肥堆沤场，从社会上大量收购畜禽肥和人粪尿，将玉米秸秆粉碎进行堆沤。每年的有机肥

堆沤腐熟量在 50 000 吨左右，足以满足农场的有机肥需求。从而为改良、培肥土壤和芦笋增产打下了坚实的营养物质基础，也为测土配方施肥技术的推广应用创造了有利的条件。

3. 效益分析　通过实施测土配方施肥技术，产生了良好的生态、经济和社会效益，为促进今后农场的农业生产再上一个新台阶积累了丰富的经验。

3 年来和平农场坚持有机肥与配方肥相结合的施肥模式。大大改善了农场土壤理化性状，增加更新了土壤有机物质。既疏松了土壤、破除了板结、减低了土壤容重，同是有机物质腐熟后增添了氮、磷、钾等营养元素含量，培肥了地力。测土配方施肥项目的实施，使和平农场员工施肥观念、施肥结构发生了转变。一是变撒施化肥为深施化肥；二是由使用单质化肥、普通复合肥向使用配方肥转变；三是由单一施用化肥向有机肥和化肥相结合转变。在农场内部形成了节约资源，提高肥料利用率的意识氛围和良好习惯。同时，在项目实施过程中，农场干部职工多次参加技术培训班，在采样、施肥、管理等环节中不断磨炼，技术素质得到普遍提高。

测土配方施肥技术对和平农场的生产经营产生了强劲的推动力。农场表示，在今后将坚持不懈的实施测土配方施肥，以使之走上高效、可持续发展的现代农业产业发展之路。

典型 2——测土配方施肥，小麦高产稳产

河津市城区街道办事处郭村村民王权利，是测土配方施肥的受益者之一。2010—2011 年王权利连续 2 年参与了河津市测土配方施肥项目的"3414"田间肥效试验。他认真对待试验，精心管理小麦，科学进行施肥。经过试验，他总结出了一套经济有效的施肥方案。在 2012 年小麦收获时，亩穗数 34.3 万株，穗粒数 35.1 粒，千粒重 37.6 克，亩产达到 452.7 千克，比前一年增产了 105.8 千克，增幅达到 30.5%，亩增收 212 元。

1. 秸秆还田、播前保墒　坚持小麦、玉米秸秆还田，在小麦和玉米收获后，用旋耕机对小麦秸秆和玉米秸秆进行还田，调节土壤的碳氮比，促进秸秆快速腐解，增加土壤有机质含量，培肥了地力，增强了土壤的通透性，使土壤松软不板结，减少氮的挥发和磷的流失，提高了土壤的保水保肥能力，为高产稳产奠定了坚实的地力基础。

2. 选用优种、科学播种　选用丰产性好、稳产优质的小麦品种烟农 19，亩播量 10 千克，于 10 月上旬及时播种。

3. 测土配方、科学施肥　抓住测土配方施肥项目的契机，充分利用土壤肥料工作站提供的施肥方案，针对自己家的地力情况：土壤有机质含量 15.3 克/千克，全氮含量 0.68 克/千克，有效磷含量 16.3 毫克/千克，速效钾含量 236.4 毫克/千克，碱解氮含量 62.4 毫克/千克。制订出有针对性的施肥方案，亩施底肥有机肥 2 000 千克，尿素 18 千克，过磷酸钙 46 千克，硫酸钾 4 千克。

4. 狠抓管理、培育壮苗　在小麦返青拔节期进行追施氮肥，保证小麦的分蘖期养分充足，并用 2,4-D 丁酯和苯磺隆混合防除田间杂草。4 月上旬田间红蜘蛛盛兴时用哒螨灵进行化学防治。小麦抽穗后，抓住籽粒形成的关键时期，将农哈哈抗旱保水剂与氨基酸复合肥混合喷施，达到抗旱、防早衰、增加千粒重的目的。

5. 及时收获、夺取丰收　6 月上旬，小麦进入蜡熟后期，及时进行收获。采用秸秆还田＋测土配方施肥技术，不仅提高了土壤肥力，还可以起到保墒的作用，大大改善了土壤养分、水分、通气和温度状况，为夺取小麦高产、稳产打下了坚实的基础。

典型 3——培肥地力精心管，连年亩产超双千

黄村农民李文增是黄村的科技示范户，种植 3 亩示范田。由于科学种田、精心管理，示范田连续 5 年亩产超双千。2010 年小麦亩产 485 千克，玉米亩产 617 千克；2009 年小麦 473 千克，玉米 621 千克；2008 年小麦 451 千克，玉米 596 千克；2007 年小麦 501 千克，玉米 610 千克；2006 年小麦 498 千克，玉米 606 千克。5 年平均亩产 1 091.6 千克，其中小麦 481.6 千克、玉米亩产 610 千克，连年稳产高产，效益好。

1. 科学种田，种子先行　连年来，小麦和玉米都选用农技部门推广的新优品种。小麦主要选用石 4185、石家庄 8 号、良星 99、济麦 22 等优种，玉米选用郑单 958、中科 11、先玉 335、浚单 20 等新优品种。由于种植的地块连年都获得高产，效益好，周边群众纷纷效仿，常常是他种什么品种，周围的群众也种什么品种，起到了很好的示范带动作用。

2. 秸秆还田，培肥地力　连续多年来采用秸秆还田技术。小麦成熟后，采用大型收割机收获，留高茬，并把所有秸秆均匀撒于地面，及时用 50 拖拉机将麦草直接翻入土壤。玉米收获后，采用秸秆粉碎还田机连续进行两次作业，然后用旋耕机进行旋耕，最后用旋耕施肥播种机施肥播种。同时亩增施尿素 10 千克，协调土壤碳氮比，促进小麦秸秆腐烂，转化为土壤有机质。两茬还田的做法，增加了土壤有机质的投入，显著提高土壤肥力，对连年高产起到了很大的作用。

他常对周边农户说："秸秆还田有许多好处，一是有利于秋粮保墒，玉米现在种上，长一、二尺高都不用浇水；二是能够增加肥效，秸秆从地里长出来，又还到地下去，比肥料还好；三是没有任何危害，燃烧麦茬不仅污染环境，而且容易引起火灾……"。

3. 测土配方，合理施肥　小麦播种前，根据土壤养分化验结果，在亩施 4 000 千克农家肥的基础上，每亩底施尿素 20 千克，云南三料磷肥 15 千克，氯化钾 10 千克。另外在小麦返青期亩追尿素 10 千克。玉米播种期亩施 20 千克三元复合肥，苗期喷打硫酸锌，喇叭口期结合浇水追施尿素 35 千克。

4. 科学防治病虫草害　病虫草害防治上，坚持"预防为主，综合防治"的方针。在病虫防治适期，及时选用安全对路的农药进行化学防治。不仅投入小，而且防效好。

小麦冬前进行化学除草，防效达 90% 以上。在小麦中后期进行三次"三喷"；第一次在 4 月下旬，第二次在 5 月上旬，第三次在 5 月中旬，分别选用哒螨灵、啶虫脒、三唑酮、磷酸二氢钾防治红蜘蛛、蚜虫、锈病等病虫。

玉米选用苗后除草剂处理，防效良好。病虫害主要做好玉米螟、黏虫、蓟马、红蜘蛛、矮花叶病、纹枯病等病虫害的防治工作。

第三节　农业结构调整与适宜性种植

近些年来，河津市农业的发展和产业结构调整工作取得了突出的成绩，但干旱胁迫严重、土壤肥力有所减退、抗灾能力薄弱、生产结构不良等问题仍然十分严重。因此，为适应现代特色农业发展的需要，增强河津市优势农产品参与国际、国内市场竞争的能力，有必要进一步对全市的农业结构现状进行战略性调整，从而促进全市现代特色农业的发展，实现农民增收。

一、农业结构调整的原则

在调整种植业结构中，遵循下列原则：

一是以国际农产品市场接轨，以增强全市农产品在国际、国内经济贸易的竞争力为原则。

二是以充分利用不同区域的生产条件、技术装备水平及经济基础条件，达到趋利避害、发挥优势的调整原则。

三是以充分利用耕地评价成果，正确处理作物与土壤、作物与作物间的合理调整为原则。

四是采用耕地资源信息管理系统，为区域结构调整的可行性提供宏观决策与技术服务的原则。

五是保持行政村界线的基本完整原则。

根据以上原则，在今后一般时间内将紧紧围绕农业增效、农民增收这个目标，大力推进农业结构战略性调整，最终提升农产品的市场竞争力，促进农业生产向现代特色发展。

二、农业结构调整的依据

通过本次对全市种植业布局现状的调查，综合验证，认识到目前的种植业布局还存在许多问题，需要在区域内部加大调整力度，进一步提高生产力和经济效益。

根据此次耕地质量的评价结果，安排全区的种植业内部结构调整，应依据不同地貌类型耕地的综合生产能力和土壤环境质量两方面综合考虑，具体为：

一是按照不同地貌类型，因地制宜规划，在布局上做到宜农则农、宜林则林、宜牧则牧。

二是按照耕地地力评价出 1～5 个等级标准，以各个地貌单元中所代表面积的数值衡量，以适宜作物发挥最大生产潜力来分布，做到高产高效作物分布在一级至二级耕地为宜，中低产田应在改良中调整。

三是按照土壤环境的污染状况，在面源污染、点源污染等影响土壤健康的障碍因素中，以污染物质及污染程度确定，做到该退则退，该治理的采取消除污染源及土壤降解措施，达到无公害、绿色产品的种植要求，来考虑作物种类的布局。

三、土壤适宜性及主要限制因素分析

河津市土壤因成土母质不同，土壤质地也不一致，发育在黄土及黄土状母质上的土壤质地多是较轻而均匀的壤质土，心土及底土层为黏土。总的来说，河津市的土壤大多为壤质，沙黏含量比较适合，在农业上是一种质地理想的土壤。其性质兼有沙土和黏土之优点，而克服了沙土和黏土之缺点。它既有一定数量的大孔隙，还有较多的毛管孔隙，故通透性好，保水保肥性强，耕性好，宜耕期长，好抓苗，发小苗又养老苗。

因此，综合以上土壤特性，河津市土壤适宜性强，小麦、玉米、甘薯等粮食作物及经济作物，如蔬菜、芦笋、西瓜、药材、苹果、葡萄、核桃、山楂等都适宜全市种植。

但种植业的布局除了受土壤质地作用外，还要受地理位置、水分条件等自然因素和经济条件的限制。在山地、丘陵等地区，由于此地区沟壑纵横，土壤肥力较低，土壤较干旱，气候凉爽，农业经济条件也较为落后。因此要在管理好现有耕地的基础上，将人力、资金和技术逐步转移到非耕地的开发上，大力发展林、牧业，建立农、林、牧结合的生态体系，使其成为林、牧产品的生产基地。在平原地区由于土地平坦，水源较丰富，是河津市土壤肥力较高的区域，同时其经济条件及农业现代化水平也较高。应充分利用地理、经济、技术优势，在不放松粮食生产的前提下，积极开展多种经营，实行粮、菜、果、核桃全面发展。

在种植业的布局中，必须充分考虑到各地的自然条件、经济条件，合理利用自然资源，对布局中遇到的各种限制因素，应考虑到它影响的范围和改造的可行性，合理布局生产，最大限度地、持久地发掘自然生产潜力，做到地尽其力。

四、种植业布局分区建议

根据河津市种植业布局分区的原则和依据，结合本次耕地地力调查与质量评价结果，将河津市划分为五大种植区，分区概述。

（一）汾河一级阶地粮、菜区

该区地处河津市中部的沿汾河一带，包括城区街道办事处、柴家乡、阳村乡的大部分及清涧街道办事处的部分行政村，耕地面积 101 212.25 亩。

1. 区域特点　该区位于河津市中部、地势平坦、海拔最低、土壤肥沃、水利设施好、交通便利、生产条件优越。气候温和、湿度适宜，年平均气温在 13～14 ℃。年降水量在 500 毫米以下，但地下水位浅、灌溉比较方便，是河津市的浅井灌区。开发历史悠久，农业耕作精细，园田化程度高。

区内土壤有机质含量为 20.62 克/千克，全氮为 0.89 克/千克，有效磷 22.37 毫克/千克，速效钾 205.13 毫克/千克。

2. 种植业发展方向　针对该区自然条件、经济条件及生产特点，今后的发展方向是：柴家乡在稳定粮食生产的前提下，积极调整产业结构，大力发展设施蔬菜；城区街道办事处东部以种植粮食为主，城郊发展设施蔬菜，在黄村周边利用汾河水资源，发展莲菜种植。

3. 主要保障措施

（1）粮食生产：引进新品种、大力推广深松耕、双秆还田、测土配方施肥、中耕除草、病虫害防治等技术。采用标准化生产，提高机械化水平，建设粮食高产稳产田，提高粮食产量和品质。

（2）特色蔬菜：采用合理的棚室结构，引进发展特色蔬菜，进行无公害标准化生产，提高经济效益。积极发展节水莲菜，提高莲菜产量和品质，增加农民收入。

（3）蔬菜基地：在蔬菜基地建设中，进行标准化生产、模式化管理、产业化开发，提高经济效益和社会效益。

（二）黄河滩菜、笋、果区

该区位于市区西部的沿黄河东岸一带，包括阳村、小梁两乡的部分村和国营黄河农场，耕地面积 47 775.80 亩。

1. 区域特点　该区地处黄河沿岸，即黄河边沿沙土地区，是河津市最低点，海拔 367.5 米。面对禹门口，常年风大，境内大面积沙漠，农田面积不到 1/5，产量低而不稳。但光热资源充足，年平均气温在 13～14 ℃，高于全市平均值，降水量低于全市平均值。该区最大的特点是：天多风，地多沙。

2. 种植业发展方向　根据该区自然条件的特点，农业的发展方向应该是：因地制宜，发展芦笋、韭菜、杏等产业。沿河坝内外营造防护林带，近滩地种植芦笋、韭菜、果树等作物，远滩地种草放牧，发展牛、羊。

3. 主要保证措施

（1）芦笋产业：推广 F1 代芦笋新品种，大力推广水肥一体化、喷灌等节水技术；测土配方、病虫害生物防治等无公害生产技术，打造芦笋出口基地。

（2）韭菜产业：在连伯村滩地建设万亩韭菜基地，打造连伯韭菜品牌，推广无公害韭菜生产技术。科学防治病虫害，适度发展大棚韭菜栽培，做到全年供应，提高菜农收入。

（3）果树产业：以永安村为中心，利用沙地光热资源充足的特点，发展早熟杏树品种。增施有机肥，提高土壤肥力，通过无公害栽培技术的应用，提高杏的产量和品质。

（三）山前倾斜平原粮、果区

该区位于樊村、僧楼 2 个镇的大部分及清涧街道办事处的部分行政村，北高南低，土质较差，气温高，属阳坡，耕地面积 68 138.28 亩。

1. 区域特点　该区土地坡度较缓，土质较差，土壤主要是褐土性土，母质为洪积物。阳坡，气温高，光照充足。近年来黄河提水工程及末级渠系的配套完善，使得该区域的灌溉得到显著改善。

区内土壤有机质含量 25.68 克/千克，全氮为 0.91 克/千克，有效磷 17.67 毫克/千克，速效钾 224.53 毫克/千克。

2. 种植业发展方向　该区以种植粮食作物为主，适度发展干鲜果。

3. 主要保障措施

（1）通过增施有机肥、秸秆还田，培肥地力。

（2）因地制宜，推广测土配方施肥面积。

（3）在樊村的固镇村，僧楼的贺家巷、郭庄村，发展无公害果树生产基地。

（四）南北垣粮、果、菜区

该区包括北垣的赵家庄乡全部，樊村镇、清涧街道办事处的一部分和南垣的小梁乡的大部分行政村，耕地面积 80 534.30 亩。

1. 区域特点　该区位于汾河谷地两岸的南北垣上，是一个广阔的平原地带。海拔在 470～550 米，水源较充足，是河津市自流灌溉、深井灌溉和黄汾灌溉的主要灌区。开发历史悠久，农业耕作精细，园田化程度较高。该区降水量一般在 460 毫米左右，年平均气温在 12~13 ℃，光热资源充足，土质肥沃。

区内耕地有机质含量为 19.08 克/千克，全氮为 0.85 克/千克，有效磷 19.83 毫克/千克，速效钾 222.10 毫克/千克。

2. 种植业发展方向　针对该区自然条件、经济条件和农业生产特点，今后的发展方向应当是：赵家庄以发展粮食为主，因地制宜适度发展水果和蔬菜；南垣小梁乡保障粮食供应的前提下，发展干鲜果产业。

3. 主要保障措施

（1）推广冬小麦、夏玉米的高产栽培技术：选用优良品种，加强病虫害防治，扩大配方施肥技术应用面积，提高粮食产量。

（2）引进推广果树优质高产无公害栽培技术：应用果园间伐改形技术、果园生草、果实套袋、病虫害综合防治等技术，提高产量和品质，促进农民增收。

（3）适度发展设施蔬菜：引进推广新品种、新技术，提高种菜效益。

（五）北山林牧区

该区位于河津市的北部，包括吕梁山区的下化乡全部地区，耕地面积 22 161.88 亩。

1. 区域特点　该区地处吕梁山区，大部分属吕梁山前沿的一个狭长地带。境内山岭纵横、高低悬殊，海拔在 550~1 000 米。温差较大，年平均气温 10 ℃左右，比平川区低 2~3 ℃，日照短、蒸发量小。山峦起伏，植被稀疏，沟多梁长，阴阳分明。因受地貌制约，有相当一部分阴坡面积土地瘠薄、支离破碎、耕作不便、水源奇缺、地广人稀、居住分散、风力较大、矿产丰富、交通不便。土质多为山地褐土和碳酸盐褐土性土。

区内耕地有机质含量为 15.32 克/千克，全氮为 0.62 克/千克，有效磷 10.23 毫克/千克，速效钾 148.72 毫克/千克。

2. 种植业发展方向　根据该地区的自然条件、农业生产特点及存在问题，今后的发展方向应该是：在提高现有耕地生产率的基础上，在保证粮食自给的前提下，大力开发和利用荒山荒坡和林草地，以及陡坡阴坡低产耕地的退耕还林还牧，大力发展以核桃为主的干果经济林。

3. 主要保障措施

（1）减少水土流失，优化生态环境，注重推广蓄雨纳墒技术。

（2）增施有机肥，提高土壤肥力。

（3）选用早实核桃品种，采用配套栽培措施，推广穴贮肥水技术，提高核桃的产量和品质。

五、农业远景发展规划

河津市农业的发展，应进一步调整和优化农业结构，全面提高农产品品质和经济效益，建立和完善全市耕地质量信息管理系统，随时服务布局调整，从而有力促进全市农村经济的快速发展。现根据各地的自然生态条件、社会经济技术条件，特提出今后发展规划如下。

一是全市粮食占有耕地 20 万亩，复种指数达到 1.7，集中建立 20 万亩国家优质小麦生产基地。

二是稳步发展无公害蔬菜生产基地，占用耕地 4.5 万亩。

三是实施无公害果树生产基地，占用耕地 4.5 万亩。

四是调整产业结构，发展经济作物，占用耕地 2.98 万亩。

五是大力开发黄河滩涂，发展芦笋、韭菜、牧草等产业。

综上所述，面临的任务是艰巨的，困难也是很大的，所以要下大力气克服困难，努力实现既定目标。

第四节　主要作物标准施肥系统的建立与无公害农产品生产对策研究

一、养分状况与施肥现状

（一）土壤养分与状况

河津市耕地质量评价结果表明，土壤有机质平均含量为 20.08 克/千克，属省二级水平；全氮平均含量为 0.82 克/千克，属省四级水平；有效磷含量平均为 18.70 毫克/千克，属省三级水平；速效钾含量为 200.68 毫克/千克，属省二级水平。中微量元素养分含量有效铜 1.01 毫克/千克，属省级三级水平；有效锰 12.42 毫克/千克，属省级四级水平；有效锌 1.64 毫克/千克，属省级二级水平；有效铁 5.82 毫克/千克，属省级四级水平；水溶态硼 1.13 毫克/千克，属省级三级水平；有效硫 32.45 毫克/千克，属省级四级水平。pH 平均为 8.49。

（二）施肥现状

农作物平均亩施农家肥 350 千克左右，氮肥（N）平均 17.2 千克，磷肥（P_2O_5）平均 7 千克，钾肥（K_2O）平均 2.2 千克，微量元素平均使用量较低，甚至有不施微肥的现象。

二、存在问题及原因分析

1. 有机肥和无机肥施用比例失调　20 世纪 70 年代以来，随着化肥工业的发展，化肥的施用量大量增加，但有机肥的施用量却在不断减少。随着农业机械化水平提高，农村大牲畜大量减少，农村人居环境改善，有机肥源不断减少，优质有机肥都进了经济田，耕地有机肥用肥量更少。随着农业机械化水平的进一步提高，小麦、玉米等秸秆还田面积增加，土壤有机质有了明显提高。今后土壤有机质的提高主要依靠秸秆还田。据统计，全市平均亩施有机肥 350 千克，农民多以无机肥代替有机肥，有机肥和无机肥施用比例失调。

2. 肥料三要素（N、P、K）施用比例失调　第二次土壤普查后，河津市根据普查结果，氮少磷缺钾有余的土壤养分状况提出增氮增磷不施钾的施肥策略，所以在施肥上一直按照氮磷 1∶1 的比例施肥，亩施碳酸氢铵 50 千克，普钙 50 千克。10 多年来，土壤养分发生了很大变化，土壤有效磷显著提高。据此次调查，所施肥料中的氮、磷、钾养分比例多不适合作物要求，未起到调节土壤养分状况的作用。根据全市农作物的种植和产量情况，现阶段氮、磷、钾化肥的适宜比例应为 1：0.61：0.35，而调查结果表明，实际施用比例为 1：0.52：0.21。并且肥料施用分布极不平衡，高产田比例低于中低产田，部分旱地地块不施磷钾肥，这种现象制约了化肥总体利用率的提高。

3. 化肥用量不当　耕地化肥施用不合理。在大田作物施肥上，人们往往注重高产田投入，而忽视中低产田投入，产量越高、施肥量越大，产量越低施肥量越小，甚至白茬下种。因而造成高产地块肥料浪费，而中低产田产量不高。据调查，高产田化肥施用总量达150 千克以上，而中低产田亩用量不足 100 千克。这种化肥的不合理分配，直接影响化肥的经济效益和无公害农产品的生产。

4. 化肥施用方法不当

（1）氮肥浅施、表施：这几年，在氮肥施用上，广大农民为了省时、省劲，将碳酸氢铵、尿素撒于地表，旋耕犁旋耕入土，甚至有些用户用后不及时覆土，造成一部分氮素挥发损失，降低了肥料的利用率，有些还造成铵害，烧伤植物叶片。

（2）磷肥撒施：由于大多群众对磷肥的性质了解较少，普遍将磷肥撒施、浅施，作物不能吸收利用，并且造成磷固定，降低了磷的利用率和当季施用肥料的效益。据调查，全市磷肥撒施面积达 65％左右。

（3）复合肥施用不合理：在黄瓜、辣椒、番茄等种植比例大的蔬菜地上，复合肥料和磷酸二铵使用比例很大，从而造成盲目施肥和磷钾资源的浪费。

（4）中高产田忽视钾肥的施用：针对第二次土壤普查结果，速效钾含量较高，有 10 年左右的时间 80％的耕地仅施用氮、磷两种肥料，造成土壤钾素消耗日趋严重，农产品产量和品质受到严重影响。随着种植业结构的进一步调整，作物由单独追求产量变为质量和产量并重，钾肥越来越表现出提质增产的效果。

以上各种问题，随着测土配方施肥项目的实施逐步得到解决。

三、化肥施用区划

（一）目的和意义

根据河津市不同区域、地貌类型、土壤类型的土壤养分状况、作物布局、当前化肥使用水平和历年化肥试验结果进行了统计分析和综合研究。按照全市不同区域化肥肥效的规律，将 31.982 2 万亩耕地划分为 5 个化肥肥料一级区和 5 个合理施肥二级区，提出不同区域氮、磷、钾化肥的使用标准。为全市今后一段时间合理安排化肥生产、分配和使用，特别是为改善农产品品质，因地制宜调整农业种植布局，发展特色农业，保护生态环境，生产绿色无公害农产品，促进可持续农业的发展提供科学依据，使化肥在全市农业生产发展中发挥更大的增产、增收、增效作用。

（二）分区原则与依据

1. 原则

（1）化肥用量、施用比例和土壤类型及肥效的相对一致性。

（2）土壤地力分布和土壤速效养分含量的相对一致性。

（3）土地利用现状和种植区划的相对一致性。

（4）行政区划的相对完整性。

2. 依据

（1）农田养分平衡状况及土壤养分含量状况。

（2）作物种类及分布。

（3）土壤地理分布特点。

（4）化肥用量、肥效及特点。

（5）不同区域对化肥的需求量。

（三）分区和命名方法

化肥区划分为两个级区，Ⅰ级区反映不同地区化肥施用的现状和肥效特点，Ⅱ级区根据现状和今后农业发展方向，提出对化肥合理施用的要求。Ⅰ级区按地名＋主要土壤类型＋氮肥用量＋磷肥用量＋钾肥肥效结合的命名法而命名。氮肥用量按每季作物每亩平均施氮（N）量，划分为高量区（11千克以上）、中量区（7～11千克）、低量区（5～7千克）、极低量区（5千克以下）；磷肥用量按每季作物每亩平均施用磷（P_2O_5）量，划分为高量区（7.5千克以上）、中量区（5～7.5千克）、低量区（3～5千克）、极低量区（3千克以下）；钾肥肥效按每千克钾（K_2O）增产粮食千克数划分为高效区（5千克以上）、中效区（3～5千克）、低效区（1～3千克）、未显效区（1千克以下）。Ⅱ级区按地名地貌＋作物布局＋化肥需求特点的命名法命名。根据农业生产指标，对今后氮、磷、钾的需求量，分为增量区（需较大幅度增加用量时，增加量大于20％）、补量区（需少量增加用量时，增加量小于20％）、稳量区（基本保持现有用量）、减量区（降低现有用量）。

（四）分区概述

根据化肥区划分区标准和命名，将河津市化肥区划分为5个Ⅰ级区（5个主区），5个Ⅱ级区（5个亚区），见表7-2。

Ⅰ　北山氮肥中量磷肥中量钾肥低效区

包括下化乡的9个行政村，耕地面积22 161.88亩。主要种植小麦、核桃。土壤类型为褐土性土。该区海拔550～1 000米，水土流失严重，土地瘠薄、支离破碎、耕作不便、水源奇缺、地广人稀、居住分散、风力较大、矿产丰富、交通不便。土质多为山地褐土和碳酸盐褐土性土。土壤养分平均含量有机质为15.32克/千克，全氮为0.62克/千克，有效磷10.23毫克/千克，速效钾148.72毫克/千克。

Ⅰ₁　北山林牧稳氮稳磷区

该区土壤地力状况较差，受干旱条件影响，常年小麦平均亩产150千克左右，建议当季小麦亩施氮5～7千克，P_2O_5为3～5千克。如种植核桃则应施硫酸钾4～7千克，注意施用微量元素。

Ⅱ　山前倾斜平原氮肥中量磷肥中量钾肥中效区

包括樊村镇、僧楼镇、清涧街道办事处3个乡（镇），54个行政村，耕地面积68 138.28亩，属吕梁山前倾斜平原区。主要种植小麦、玉米、果树。土壤类型以褐土性土为主。该区海拔450～700米，土壤养分平均含量有机质为25.68克/千克，全氮为

0.91 克/千克，有效磷 17.67 毫克/千克，速效钾 224.53 毫克/千克。

II_1　山前倾斜平原粮果稳氮增磷补钾区

该区小麦亩产 200～250 千克，建议亩施 N 为 6～8 千克，P_2O_5 为 4～6 千克；亩产 300～350 千克，亩施 N 为 8～11 千克，P_2O_5 为 5～7 千克；亩产＞350 千克，亩施 N 为 10～13 千克，P_2O_5 为 9～11 千克，K_2O 为 6～7 千克。玉米亩产 500～600 千克，亩施 N 为 14～16 千克，P_2O_5 为 4～7 千克，K_2O 为 8～11 千克。如种植果树，除施磷、氮肥外，还要增施钾肥，以改善果品品质，提高产量。

表 7-2　河津市化肥区划分区

分区	乡（镇）数（个）	行政村数（个）	耕地面积（亩）	行政村名
汾河一级阶地粮、菜区	城区街道办事处、柴家乡、阳村乡、清涧街道办事处	46	101 212.25	清涧一村、清涧二村、清涧三村、清涧四村、范家庄、樊家坡、马家、米家湾、高家湾、吴家关、小关、东关、城北、城关、杨家巷、西关、东窑头、西窑头、郭村、修村、黄村、东黄村、卫庄、百底、西王、柴家、上市、庄头、下牛、丁家、山王、夏村、北张、樊家峪、吴村、北原、苍底、太阳、太阳堡、三迁、峻岭、东辛封、西辛封、苍头、郭家庄、永安
黄河滩菜、笋、果区	小梁乡、阳村乡	4	47 775.80	西梁、中湖潮、东湖潮、连伯
山前倾斜平原粮、果区	樊村镇、僧楼镇、清涧街道办事处	54	68 138.28	何家庄、天成堡、杜家沟、龙门、康家庄、任家庄、侯家庄、张家庄、樊村、曹家窑、任家窑、沙樊头、西樊村、固镇、樊村堡、西光德、东光德、寺庄、芦庄、常好、干涧、魏家院、韩家院、西卫、上寨、张家巷、古垛、刘家院、常好堡、史家庄、北午芹、人民、忠信、旭红、侯家庄、李家堡、马家堡、刘家堡、尹村、北方平、南方平、张吴、北张吴、琵琶垣、闫家洞、贺家巷、小张、艳掌、北王、北王堡、郭庄、贺家庄、张家堡、史家窑
南北垣粮、果、菜区	赵家庄乡、小梁乡、清涧街道办事处、樊村镇	35	80 534.30	赵家庄、官庄、伏伯、樊家庄、义唐、东庄、新赵、邵庄、石庄、史恩庄、史惠庄、新仁庄、南里、北里、南辛兴、北辛兴、新兴、垣上、东梁、马家庄、南梁、胡家堡、南原、小停、辛庄、东坡、西坡、武家堡、小梁、伯王、寨上、刘村、堡子沟、李家庄、西庄
北山林牧区	下化乡	9	22 161.88	上化、周家湾、下院、半坡、上岭、南桑峪、陈家岭、杜家湾、老窑头
合计	9	148	319 822.51	

III　南北垣氮肥中量磷肥中量钾肥中效区

该区包括赵家庄乡、小梁乡、樊村镇、清涧街道办事处 4 个乡（镇），35 个行政村，耕地面积 80 534.30 亩，主要种植粮、果、菜。该区土壤类型以褐土为主，海拔 470～550

米，土壤肥力较高。土壤养分平均含量有机质为 19.08 克/千克，全氮为 0.85 克/千克，有效磷 19.83 毫克/千克，速效钾 222.10 毫克/千克。

Ⅲ₁　南北垣粮、果、菜增氮、增磷、增钾区

该区小麦亩产＜250 千克，建议亩施 N 为 4～7 千克，P₂O₅ 为 3～5 千克；亩产 250～300 千克，亩施 N 为 5～7 千克，P₂O₅ 为 5～7 千克；亩产＞350 千克，亩施 N 为 8～11 千克，P₂O₅ 为 6～8 千克，K₂O 为 4～5 千克。玉米亩产 500～600 千克，亩施 N 为 14～16 千克，P₂O₅ 为 4～7 千克，K₂O 为 8～11 千克。

Ⅳ　黄河滩氮肥中量磷肥中量钾肥中效区

该区包括小梁乡、阳村乡 2 个乡（镇），4 个行政村，耕地面积 47 775.80 亩，主要种植蔬菜、芦笋、果树。该区土壤以潮土为主，海拔 367.5 米左右。土壤养分平均含量有机质为 16.13 克/千克，全氮 0.66 克/千克，有效磷 16.55 毫克/千克，速效钾 174.02 毫克/千克。

Ⅳ₁　黄河滩菜、笋、果增氮增磷增钾区

该区亩产小麦＜250 千克地块，建议亩施 N 为 4～6 千克、P₂O₅ 为 3～5 千克；亩产 250～300 千克，建议亩施 N 为 5～8 千克，P₂O₅ 为 4～5 千克。栽植的蔬菜、芦笋、果树，根据需要施肥，特别要注意增加钾肥施用量。

Ⅴ　汾河一级阶地氮肥高量磷肥高量钾肥中效区

该区包括城区街道办事处、清涧街道办事处、阳村乡、柴家乡 4 个乡（镇）的 46 个村庄，耕地面积 101 212.25 亩，主要种植小麦、玉米、蔬菜。该区土壤以潮土为主，地势平坦、海拔最低、土壤肥沃、水利设施好、交通便利、生产条件优越。土壤养分平均含量有机质 20.62 克/千克，全氮为 0.89 克/千克，有效磷 22.37 毫克/千克，速效钾 205.13 毫克/千克。

Ⅴ₁　汾河一级阶地粮、菜稳氮增磷补钾区

该区小麦平均亩产 300～350 千克，建议亩施 N 为 11～12 千克、P₂O₅ 为 8～10 千克、K₂O 为 3～4 千克。菜田亩施 N 为 20～25 千克、P₂O₅ 为 12～15 千克、K₂O 为 15～20 千克，注意使用微量元素硼、锰、钼等。

（五）提高化肥利用率的途径

1. 统一规划、着眼布局　化肥使用区划意见，对河津市农业生产及发展起着整体指导和调节作用，使用当中要宏观把握，明确思路。以地貌类型和土壤类型及行政区域划分的 5 个化肥肥效一级区和 5 个合理施肥二级区在肥效与施肥上基本保持一致。具体到各区各地因受不同地形部位和不同土壤亚类的影响，在施肥上不能千篇一律、死搬硬套。以化肥使用区划为标准，结合当地实际情况确定合理科学的施肥量。

2. 因地制宜、节本增效　全市地形复杂，土壤肥力差异较大。各区在化肥使用上一定要本着因地制宜，因作物制宜，节本增效的原则。通过合理施肥及相关农业措施，不仅要达到节本增效的目的，而且要达到用养结合、培肥地力的目的，变劣势为优势。对坡度较大的坡地、沟壑和山前倾斜平原区要注意防治水土流失，施肥上要少量多次，修整梯田，建设"三保田"。

3. 秸秆还田、培肥地力　运用合理施肥方法，大力推广秸秆还田，提高土壤肥力，增加土壤团粒结构，提高化肥利用率。同时合理轮作倒茬，用养结合。旱地氮肥"一炮

轰"，水地底施 1/2、追施 1/2。磷肥集中深施，褐土地钾肥分次施。有机无机相结合，氮磷钾微相结合。

总之，要科学合理施用化肥，以提高化肥利用率为目的，以达到增产、增收、增效。

四、无公害农产品生产与施肥

无公害农产品是指产地环境、生产过程和产品质量均符合国家有关标准的规范要求，经认证合格，获得认证证书并允许使用无公害农产品标志的未经加工或初加工的农产品。根据无公害农产品标准要求，针对全市耕地质量调查施肥中存在的问题，发展无公害农产品。施肥中应注意以下几点：

（一）选用优质农家肥

农家肥是指含有大量生物物质、动植物残体、排泄物、生物废物等有机物质的肥料。在无公害农产品的生产中，一定要选用足量的经过无害化处理的堆肥、沤肥、厩肥、饼肥等优质农家肥作基肥。确保土壤肥力逐年提高，满足无公害农产品的生产。

（二）选用合格商品肥

商品肥料有精制有机肥料、有机无机复混肥料、无机肥料、腐殖酸类肥料、微生物肥料等。生产无公害农产品时一定要选用合格的商品肥料。

（三）改进施肥技术

1. 调控化肥用量 这几年，随着农业结构调整，种植业结构发生了很大变化。经济作物面积扩大，因而造成化肥用量持续提高，不同作物之间施肥量差距不断扩大。因此，要调控化肥用量，避免施肥两极分化，尤其是控制氮肥用量，努力提高化肥利用率，减少化肥损失或造成的农田环境污染。

2. 调整施肥比例 首先，将有机肥和无机肥比例逐步调整到 1∶1，充分发挥有机肥料在无公害农产品生产中的作用；其次，实施补钾工程，根据不同作物、不同土壤合理施用钾肥，合理调整 N、P、K 比例，发挥钾肥在无公害农产品生产中的作用。

3. 改进施肥方法 施肥方法不当，易造成肥料损失浪费、土壤及环境污染，影响作物生长。所以施肥方法一定要科学，氮肥要深施、减少地面熏伤，忌氯作物不施或少施含氯肥料。因地、因作物、因肥料确定施肥方法，生产优质、高产、无公害农产品。

五、不同作物的科学施肥标准

针对河津市农业生产基本条件，种植作物种类、产量，土壤肥力及养分含量状况，无公害农产品生产施肥总的思路是：以节本增效为目标，立足抗旱栽培，着眼于优质、高产、高效、安全农业生产，着力于提高肥料利用率，采取控氮稳磷补钾配微的原则，在增施有机肥和保持化肥施用总量基本平衡的基础上，合理调整养分比例，普及科学施肥方法，积极试验和示范微生物肥料。

根据河津市施肥总的思路，按照高、中、低肥力水平对全市冬小麦提出了 4 个施肥配方建议，夏玉米提出了 3 个施肥配方建议。

1. 小麦施肥区域划分

（1）下化乡山区旱地小麦低产区：建议使用比例为 16 - 10 - 4 的配方肥。小麦产量 <200千克/亩，N - P_2O_5 - K_2O 为 7 - 4 - 3 千克/亩；小麦产量在 200～300 千克/亩，N - P_2O_5 - K_2O 为 9 - 6 - 4 千克/亩；小麦产量>300 千克/亩，N - P_2O_5 - K_2O 为 12 - 7 - 4 千克/亩。

（2）山前倾斜平原水浇地小麦中产区：建议使用比例为 18 - 12 - 6 的配方肥。小麦产量<250 千克/亩，N - P_2O_5 - K_2O 为 8 - 6 - 3 千克/亩；小麦产量在 250～350 千克/亩，N - P_2O_5 - K_2O 为 11 - 8 - 4.5 千克/亩；小麦产量在 350～450 千克/亩，N - P_2O_5 - K_2O 为 13 - 10.5 - 5 千克/亩；小麦产量>450 千克/亩，N - P_2O_5 - K_2O 为 15 - 12 - 6 千克/亩。

（3）黄土台垣水浇地小麦中高产区：建议使用比例为 18 - 15 - 7 的配方肥。小麦产量<250 千克/亩，N - P_2O_5 - K_2O 为 8 - 5 - 4 千克/亩；小麦产量在 250～350 千克/亩，N - P_2O_5 - K_2O 为 10 - 7 - 4 千克/亩；小麦产量在 350～450 千克/亩，N - P_2O_5 - K_2O 为 12 - 8 - 6 千克/亩；小麦产量>450 千克/亩，N - P_2O_5 - K_2O 为 15 - 10 - 6 千克/亩。

（4）黄河、汾河一级和二级阶地水浇地小麦中高产区：建议使用比例为 20 - 16 - 9 的配方肥。小麦产量<250 千克/亩，N - P_2O_5 - K_2O 为 9 - 7 - 4 千克/亩；小麦产量在 250～350千克/亩，N - P_2O_5 - K_2O 为 10 - 8 - 5 千克/亩；小麦产量在 350～450 千克/亩，N - P_2O_5 - K_2O 为 13 - 10 - 6 千克/亩；小麦产量>450 千克/亩，N - P_2O_5 - K_2O 为 15 - 11 - 7千克/亩。

2. 夏玉米施肥区域划分

（1）山前倾斜平原水浇地夏玉米中产区：建议使用比例为 20 - 12 - 8 的配方肥。夏玉米产量<350 千克/亩，N - P_2O_5 - K_2O 为 8 - 6 - 4 千克/亩；夏玉米产量在 350～450 千克/亩，N - P_2O_5 - K_2O 为 10 - 7 - 5 千克/亩；夏玉米产量>450 千克/亩，N - P_2O_5 - K_2O 为 14 - 8 - 6 千克/亩。

（2）黄土台垣水浇地夏玉米中高产区：建议使用比例为 19 - 12 - 9 的配方肥。夏玉米产量<400 千克/亩，N - P_2O_5 - K_2O 为 8 - 6 - 5 千克/亩；夏玉米产量在 400～500 千克/亩，N - P_2O_5 - K_2O 为 11 - 7 - 5 千克/亩；夏玉米产量>500 千克/亩，N - P_2O_5 - K_2O 为 14 - 9 - 7 千克/亩。

（3）黄河、汾河一级和二级阶地水浇地玉米中高产区：建议使用比例为 18 - 12 - 10 的配方肥。夏玉米产量<400 千克/亩，N - P_2O_5 - K_2O 为 10 - 6 - 5 千克/亩；夏玉米产量在 400～500 千克/亩，N - P_2O_5 - K_2O 为 11 - 7 - 6 千克/亩；夏玉米产量在 500～600 千克/亩，N - P_2O_5 - K_2O 为 13 - 9 - 5 千克/亩；夏玉米产量>600 千克/亩，N - P_2O_5 - K_2O 为 15 - 10 - 7 千克/亩。

第五节　耕地质量管理对策

耕地地力调查与质量评价成果为河津市耕地质量管理提供了依据，为耕地质量管理决策的制订提供了基础，成为全市农业可持续发展的核心内容。

一、建立依法管理体制

（一）工作思路

以发展优质高效、生态、安全的现代特色农业为目标，以耕地质量动态监测管理为核心，以土壤地力改良利用为重点，通过农业种植业结构调查，合理配置现有农业用地，逐步提高耕地地力水平，满足人民日益增长的农产品需求。

（二）建立和完善行政管理机制

1. 制订总体规划 坚持"因地制宜、统筹兼顾，局部调整、挖掘潜力"的原则，制订全市耕地地力建设与土壤改良利用总体规划。实行耕地用养结合，划定中低产田改良利用范围和重点，分区制订改良措施，严格统一组织实施。

2. 建立依法保障体系 制订并颁布《河津市耕地质量管理办法》，设立专门监测管理机构，市、乡、村三级设定专人监督指导，分区布点，建立监控档案，依法检查污染区域项目治理工作，确保工作高效到位。

3. 加大资金投入 市政府要加大资金支持力度，市财政每年从农发资金中列支专项资金，用于全市中低产田改造和耕地污染区域综合治理，建立财政支持下的耕地质量信息网络，推进工作有效开展。

（三）强化耕地质量技术实施

1. 提高土壤肥力 组织市、乡农业技术人员实地指导，组织农户合理轮作、平衡施肥，安全施药、施肥，推广秸秆还田、种植绿肥、施用生物菌肥，多种途径提高土壤肥力，降低土壤污染，提高土壤质量。

2. 改良中低产田 实行分区改良，重点突破。灌溉改良区重点抓好灌溉配套设施的改造、节水浇灌、挖潜增灌、引黄扩灌、扩大浇水面积。丘陵、山区中低产田要广辟肥源，深耕保墒，轮作倒茬，粮草间作，扩大植被覆盖率，修整梯田，达到增产增效的目标。

二、建立和完善耕地质量监测网络

随着河津市工业化进程的不断加快，工业污染日益严重，在重点工业生产区域建立耕地质量监测网络已迫在眉睫。

1. 设立组织机构 耕地质量监测网络的建设，涉及环保、土地、水利、经贸、农业等多个部门，需要市政府协调支持，成立依法行政管理机构。

2. 配置监测机构 由市政府牵头，各职能部门参与，组建河津市耕地质量监测领导组，在市环保局下设办公室，设定专职领导与工作人员，建立企业治污工程体系，制订工作细则和工作制度，强化监测手段，提高行政监测效能。

3. 加大宣传力度 采取多种途径和手段，加大《环保法》宣传力度，在重点污排企业及周围乡村印刷宣传广告，大力宣传环境保护政策及科普知识。

4. 监测网络建立 在全市依据这次耕地质量调查评价结果，划定安全、非污染、轻污染、中度污染、重污染五大区域，每个区域确定 10～20 个点，定人、定时、定点取样监测检验，填写污染情况登记表，建立耕地质量监测档案。对污染区域的污染源，要查清原因，由市耕地质量监测机构依据检测结果，强制污染企业限期限时达标治理。对未能限期达标企业，一律实行关停整改，达标后方可生产。

5. 加强农业执法管理 由市农业、环保、质检行政部门组成联合执法队伍，宣传农业法律知识，对市场化肥、农药实行统一监控、统一发布，将假冒农用物资一律依法查封销毁。

6. 改进治污技术 对不同污染企业采取烟尘、污水、污碴分类科学处理转化。对工业污染河道及周围农田，采取有效的物理、化学降解技术，降解铅、镉及其他重金属污染物，并在河道两岸 50 米栽植花草、林木，净化河水，美化环境。对化肥、农药污染农田，要划区治理，积极利用农业科研成果，组成科技攻关组，引进降解试剂，逐步消解污染物。

7. 推广农业综合防治技术 在增施有机肥降解大田农药、化肥及垃圾废弃物污染的同时，积极宣传推广微生物菌肥，以改善土壤的理化性状，改变土壤溶液酸碱度，改善土壤团粒结构，减轻土壤板结，提高土壤保水、保肥性能。

三、农业税费政策与耕地质量管理

目前，农业税费改革政策的出台必将极大调整农民的粮食生产积极性，成为耕地质量恢复与提高的内在动力，对全市耕地质量的提高具有以下几个作用。

1. 加大耕地投入，提高土壤肥力 目前，全市中低产田分布区域广，粮食生产能力较低。税费改革政策的落实有利于提高单位面积耕地养分投入水平，逐步改善土壤养分含量，改善土壤理化性状，提高土壤肥力，保障粮食产量恢复性增长。

2. 改进农业耕作技术，提高土壤生产性能 农民积极性的调动，成为耕地质量提高的内在动力，将促进农民平田整地、耙糖保墒，加强耕地机械化管理，缩减中低产田面积，提高耕地地力等级水平。

3. 采用先进农业技术，增加农业生产效益 采取有机旱作农业技术，合理优化适栽技术，加强田间管理，节本增效，提高农业比较效益。

农民以田为本、以田谋生，农业税费政策出台以后，土地属性发生变化，农民由有偿支配变为无偿使用，土地成为农民家庭财富的一部分，对农民增收和国家经济发展将起到积极的推动作用。

四、扩大无公害农产品、绿色食品、有机食品生产规模

在国际农产品质量标准市场一体化的形势下，扩大全市无公害农产品生产规模成为满足社会消费需求和农民增收的关键。

（一）理论依据
综合评价结果，河津市适合生产无公害农产品，适宜发展绿色农业生产。

（二）扩大生产规模

在河津市发展绿色无公害农产品、扩大生产规模，要以耕地地力调查与质量评价结果为依据，充分发挥区域比较优势，合理布局，规模调整。一是粮食生产上，在全市发展15万亩无公害优质小麦，10万亩无公害优质玉米；二是在蔬菜生产上，发展无公害蔬菜3万亩；三是在水果生产上，发展无公害水果5万亩，无公害红枣5万亩。

（三）配套管理措施

1. 建立组织保障体系　设立河津市无公害农产品生产领导组，下设办公室，地点在市农业委员会。组织实施项目列入市政府工作计划，单列工作经费，由市财政负责执行。

2. 加强质量检测体系建设　成立市级无公害农产品质量检验技术领导组，市、乡下设两级监测检验的网点，配备设备及人员，制订工作流程，强化检测检验手段，提高检测检验质量，及时指导生产基地技术推广工作。

3. 制订技术规程　组织技术人员建立全市无公害农产品生产技术操作规程，重点抓好平衡施肥，合理施用农药，细化技术环节，实现标准化生产。

4. 打造绿色品牌　重点实施好无公害芦笋、小麦、蔬菜等生产。

五、加强农业综合技术培训

自20世纪80年代起，河津市就建立起市、乡、村三级农业技术推广网络。市农业技术推广中心牵头，搞好技术项目的组织与实施，负责划区技术指导，行政村配备1名科技副村长，在全市设立农业科技示范户。先后开展了小麦、棉花、水果、红枣、中药材、甘薯等优质高产高效生产技术培训，推广了旱作农业、生物覆盖、小麦地膜覆盖、"双千创优"工程及设施蔬菜"四位一体"综合配套技术。

现阶段，全市农业综合技术培训工作一直保持领先，有机旱作、测土配方施肥、节水灌溉、生态沼气、无公害蔬菜生产技术推广已取得明显成效。充分利用这次耕地地力调查与质量评价，主抓以下几方面技术培训：一是宣传加强农业结构调整与耕地资源有效利用的目的及意义；二是全市中低产田改造和土壤改良相关技术推广；三是耕地地力环境质量建设与配套技术推广；四是绿色、无公害农产品生产技术操作规程；五是农药、化肥安全施用技术培训；六是农业法律、法规，环境保护相关法律的宣传培训。

通过技术培训，使全市农民掌握必要的知识与生产实用技术，推动耕地地力建设，提高农业生态环境、耕地质量环境的保护意识，发挥主观能动性，不断提高全市耕地地力水平。以满足日益增长的人口和物质生活需求，为全面建设小康社会打好农业发展基础平台。

第六节　耕地资源信息管理系统的应用

耕地资源信息管理系统以一个市行政区域内的耕地资源为管理对象，应用GIS技术，对辖区内的地形、地貌、土壤、土地利用、农田水利、土壤污染、农业生产基本情况、基本农田保护区等资料进行统一管理，构建耕地资源基础信息系统，并将其数据平台与各类管理模型结合，对辖区内的耕地资源进行系统的动态管理，为农业决策、农民和农业技术人员提供耕地质量动态变化规律、土壤适宜性、施肥咨询、作物营养诊断等多方位的信息服务。

本系统行政单元为村，农业单元为基本农田保护块，土壤单元为土种，系统基本管理单元为土壤、基本农田保护块、土地利用现状图叠加所形成的评价单元。

一、领导决策依据

本次耕地地力调查与质量评价直接涉及耕地自然要素、环境要素、社会要素及经济要素4个方面，为耕地资源信息管理系统的建立与应用提供了依据。通过全市生产潜力评价、适宜性评价、土壤养分评价、科学施肥、经济性评价、地力评价及产量预测，及时指导农业生产的发展，为农业技术推广应用做好信息发布，为用户需求分析及信息反馈打好基础。主要依据：一是全市耕地地力水平和生产潜力评估为农业远期发展规划和全面建设小康社会提供了保障；二是耕地质量综合评价，为领导提供了耕地保护和污染修复的基本思路，为建立和完善耕地质量检测网络提供了方向；三是耕地土壤适宜性及主要限制因素分析为全市农业调整提供了依据。

二、动态资料更新

在本次河津市耕地地力调查与质量评价中，耕地土壤生产性能主要包括地形部位、土体构型、较稳定的物理性状、易变化的化学性状、农田基础建设5个方面。耕地地力评价标准体系与1984年土壤普查技术标准出现部分变化，耕地要素中的基础数据有大量变化，为动态资料更新提供了新要求。

（一）耕地地力动态资源内容更新

1. 评价技术体系有较大变化　本次调查与评价主要运用了"3S"评价技术。在技术方法上，采用文字评述法、专家经验法、模糊综合评价法、层次分析法、指数和法。在技术流程上，应用了叠加法确定评价单元，空间数据与属性数据相连接。采用特尔菲法和模糊综合评价法，确定评价指标。应用层次分析法确定各评价因子的组合权重。用数据标准化计算各评价因子的隶属函数并将数值进行标准化。应用了累加法计算每个评价单元的耕地地力综合评价指数。分析综合地力指数，分别划分地力等级，将评价的地方等级归入农业部地力等级体系。采取GIS、GPS系统编绘各种养分图和地力等级图等图件。

2. 评价内容有较大变化　除原有地形部位、土体构型等基础耕地地力要素相对稳定以外，土壤物理性状、易变化的化学性状、农田基础建设等要素变化较大，尤其是土壤容重、有机质、pH、有效磷、速效钾指数变化明显。

3. 增加了耕地质量综合评价体系　土样、水样化验检测结果为全市绿色、无公害农产品基地建立和发展提供了理论依据。图件资料的更新变化，为今后全市农业宏观调控提供了技术准备。空间数据库的建立为全市农业综合发展提供了数据支持，加速了全市农业信息化快速发展。

（二）动态资料更新措施

结合本次耕地地力调查与质量评价，河津市及时成立技术指导组，确定专门技术人员，从土样采集、化验分析、数据资料整理编辑，计算机网络连接畅通，保证了动态资料更新及时、准确，提高了工作效率和质量。

三、耕地资源合理配置

（一）目的意义

多年来，河津市耕地资源盲目利用、低效开发、重复建设情况十分严重，随着农业经济发展方向的不断延伸，农业结构调整缺乏借鉴技术和理论依据。这次耕地地力调查与质量评价成果对指导全市耕地资源合理配置，逐步优化耕地利用质量水平，对提高土地生产性能和产量水平具有现实意义。

河津市耕地资源合理配置思路是：以确保粮食安全为前提，以耕地地力质量评价成果为依据，以统筹协调发展为目标，用养结合、因地制宜、内部挖潜，发挥耕地最大生产效益。

（二）主要措施

1. 加强组织管理，建立健全工作机制　市政府要组建耕地资源合理配置协调管理工作体系，由农业、土地、环保、水利、林业等职能部门分工负责、密切配合、协同作战。技术部门要抓好技术方案的制订和技术宣传培训工作。

2. 加强农田环境质量检测，抓好布局规划　将企业列入耕地质量检测范围。企业要加大资金投入和技术改造力度，降低"三废"对周围耕地的污染，因地制宜大力发展绿色、无公害农产品优势生产基地。

3. 加强耕地保养利用，提高耕地地力　依照耕地地力等级划分标准，划定全市耕地地力分布界限，推广平衡施肥技术。加强农田水利基础设施建设，平田整地，淤地打坝，加强中低产田改良。植树造林，扩大植被覆盖面，防止水土流失，提高梯（园）田化水平。采用机械耕作，加深耕层，熟化土壤，改善土壤理化性状，提高土壤保水保肥能力。划区制订技术改良方案，将全市耕地地力水平分级划分到村、到户，建立耕地改良档案，定期定人检查验收。

4. 重视粮食生产安全，加强耕地利用和保护管理　根据全市农业发展远景规划目标，要十分重视耕地利用保护与粮食生产之间的关系。人口不断增长、耕地逐年减少，要解决好建设与吃饭的关系，合理利用耕地资源，实现耕地总面积动态平衡，解决人口增长与耕地之间的矛盾，实现农业经济和社会可持续发展。

总之，耕地资源配置，主要是各土地利用类型在空间上的整体布局；另一层含义是指同一土地利用类型在某一地域中是分散配置还是集中配置。耕地资源的空间分布结构折射出其地域特征，而合理的空间分布结构可在一定程度上反映自然生态和社会经济系统间的协调程度。耕地的配置方式，对耕地产出效益的影响截然不同，经过合理配置，农村耕地相对规模集中，既利于农业管理、又利于减少投工投资，耕地的利用率将有较大提高。

一是严格执行《基本农田保护条例》，增加土地投入，大力改造中低产田，使农田数量与质量稳步提高。二是园地面积要适当调整，淘汰劣质果园，发展优质果品生产基地。三是林草地面积适量增长，加大"四荒"拍卖开发力度，种草植树，力争森林覆盖率达到 30%，牧草面积占到耕地面积的 2%以上。四是搞好河道、滩涂地有效开发，增加可利用耕地面积。五是加大小流域综合治理，在搞好耕地整治规划的同时，治山治坡、改土造田、基本农田建设与农业综合开发结合进行。六是要采取措施，严控企业占地，严控农村宅基地占用一级、二级耕田，加大废旧砖窑和农村废弃宅基地的返田改造，盘活耕地存量调整，"开源"与"节流"并举。七是加快耕地使用制度改革，实行耕地使用证发放制度，促进耕地资源的有效利用。

四、土、肥、水、热资源管理

（一）基本状况

河津市耕地自然资源包括土、肥、水、热资源。它是在一定的自然和农业经济条件下逐渐形成的，其利用及变化均受到自然、社会、经济、技术条件的影响和制约。自然条件是耕地利用的基本要素。热量与降水是气候条件最活跃的因素，对耕地资源影响较为深刻，不仅影响耕地资源类型的形成，更重要的是直接影响耕地的开发程度、利用方式、作物种植、耕作制度等方面。土壤肥力则是耕地地力与质量水平基础的反映。

1. 光热资源　河津市属温带半湿润大陆性季风气候，四季分明，冬季寒冷干燥，夏季炎热多雨。年均气温为 13 ℃，7 月最热，平均气温达 26.7 ℃，极端最高气温达 42.5 ℃；1 月最冷，平均气温−2.7 ℃，极端最低气温−19.8 ℃。市域热量资源丰富，大于 3 ℃的积温为 4 855.6 ℃，稳定在＞10 ℃的积温 4 342.8 ℃。历年平均日照时数为 2 328.2 小时，无霜期 205 天。

2. 降水与水文资源　河津市全年降水量为 472.3 毫米，不同地形间雨量分布规律：西北部和南部山区降水较多，降水量 500 毫米以上；东部和南部平川地区较少，年降水量在 480 毫米以下。年度间全市降水量差异较大，降水量季节性分布明显，主要集中在 7～9 这 3 个月，占年总降水量 50%左右。

河津市位于黄土高原，属干旱贫水市之一。水利资源总量 145 961 万立方米，其中河水 13.7 亿立方米，地下水 4 357 万立方米，泉水 668 万立方米，洪水 3 936 万立方米，可利用总量为 8 037.7 万立方米。

3. 土壤肥力水平　河津市耕地地力平均水平较低，依据《山西省中低产田类型划分与改良技术规程》，分析评价单元耕地土壤主要障碍因素，将全市耕地地力等级的 3～5 级归并为 6 个中低产田类型，总面积 193 240.5 亩，占总耕地面积的 60.42%。主要分布于下化乡山区、山前倾斜平原区大部分地区和南北两垣、黄河河漫滩的部分地区。全市耕地主要土壤类型为褐土、潮土、风沙土三大类，其中，褐土分布面积较广，约占 77.39%，潮土约占 20.30%，风沙土约占 2.31%。全市土壤质地较好，主要分为沙壤土、轻壤土和轻黏土 3 种类型，其中轻壤土约占 57.6%。土壤 pH 为 8.20～8.91，平均为 8.49。

（二）管理措施

在河津市建立土壤、肥力、水、热资源数据库，依照不同区域土、肥、水、热状况，分类分区划定区域，设立监控点位，定人、定期填写检测结果，编制档案资料，形成有连续性的综合数据资料，有利于指导全市耕地地力恢复性建设。

五、科学施肥体系与灌溉制度的建立

（一）科学施肥体系建立

河津市平衡施肥工作起步较早，最早始于 20 世纪 70 年代末定性的氮磷配合施肥，80年代初为半定量的初级配方施肥。20 世纪 90 年代以来，有步骤定期开展土壤肥力测定，逐步建立了适合全市不同作物、不同土壤类型的施肥模式。在施肥技术上，提倡"增施有机肥，稳施氮肥，增施磷肥，补施钾肥，配施微肥和生物菌肥"。

根据河津市耕地地力调查结果看，土壤有机质含量有所回升，平均含量为 20.08 克/千克，属省二级水平，比第二次土壤普查的 11.2 克/千克，提高了 8.88 克/千克。全氮平均含量 0.82 克/千克，属省四级水平，比第二次土壤普查提高了 0.22 克/千克。有效磷平均含量为 18.70 毫克/千克，属省三级水平，比第二次土壤普查提高了 6.26 毫克/千克。速效钾平均含量为 200.68 毫克/千克，比第二次土壤普查提高了 77.25 毫克/千克。

1. 调整施肥思路　以节本增效为目标，立足优质高产栽培，着力提高肥料利用率，采取"增氮、稳磷、补钾、配微"的原则，坚持有机肥与无机肥相结合，合理调整养分比例，按耕地地力与作物类型分期供肥，科学施用。

2. 施肥方法

（1）因土施肥：不同土壤类型保肥、供肥性能不同。对全市黄土台垣区旱地，土壤的土体构型为通体壤或"蒙金型"，一般将肥料作基肥一次施用效果最好；对汾河两岸的沙土、夹沙土等构型土壤，肥料特别是钾肥应少量多次施用。

（2）因品种施肥：肥料品种不同，施肥方法也不同。对碳酸氢铵等易挥发性化肥，必须集中深施并覆盖土，深度一般为 10～20 厘米；硝态氮肥易流失，宜作追肥，不宜大水漫灌；尿素为高浓度中性肥料，作底肥和叶面喷肥效果最好，在旱地做基肥集中条施。磷肥易被土壤固定，常作基肥和种肥，要集中沟施，且忌撒施土壤表面。

（3）因苗施肥：对基肥充足，作物生长旺盛的田块，要少量控制氮肥，少追或推迟追肥时期；对基肥不足，作物生长缓慢的田块，要施足基肥，多追或早追氮肥；对后期生长旺盛的田块，要控氮补磷施钾。

3. 选定施用时期　因作物选定施肥时期。小麦追肥宜选在拔节期；叶面喷肥选在孕穗期和扬花期。玉米追肥宜选在拔节期和大喇叭口期，同时可采用叶面喷施锌肥。棉花追肥选在蕾期和花铃期。

在喷肥时间上，要看天气施用，要选无风、晴朗天气，早上 8:00～9:00 点或下午16:00 点以后喷施。

4. 选择适宜的肥料品种和合理的施用量施肥　在品种选择上，增施有机肥、高温堆沤积肥、生物菌肥。严格控制硝态氮肥施用，忌在忌氯作物上施用氯化钾，提倡施用硫酸钾肥，补施铁肥、锌肥、硼肥等微量元素化肥。在化肥用量上，要坚持无害化施用原则，一般菜田，亩施腐熟农家肥 3 000～5 000 千克、尿素 25～30 千克、磷肥 40 千克、钾肥10～15 千克。日光温室以番茄为例，一般亩产 6 000 千克，亩施有机肥 4 500 千克、氮肥（N）25 千克、磷肥（P_2O_5）23 千克，钾肥（K_2O）16 千克，配施适量硼、锌等微量元素。

（二）灌溉制度的建立

河津市为贫水区之一，主要采取以抗旱节水灌溉为主。

1. 旱地区集雨灌溉模式 主要采用有机旱作技术模式，深翻耕作、加深耕层，平田整地、提高园（梯）田化水平，地膜覆盖、垄际集雨纳墒，秸秆覆盖蓄水保墒，高灌引水，节水管灌等配套技术措施，提高旱地农田水分利用率。

2. 扩大井水灌溉面积 水源条件较好的旱地，打井造渠，利用分畦浇灌或管道渗灌、喷灌，节约用水，保障作物生育期一次透水。平川井灌区要修整管道，按作物需水高峰期浇灌，全生育期保证浇水 2~3 次，满足作物生长需求。切忌大水漫灌。

（三）体制建设

在河津市建立科学施肥与灌溉制度，农业、技术部门要严格细化相关施肥技术方案，积极宣传和指导。水利部门要抓好淤地打坝、井灌配套等基本农田水利设施建设，提高灌溉能力。林业部门要加大荒坡、荒山植树植被，营造绿色环境，改善气候条件，提高年际降水量。农业环保部门要加强基本农田及水污染的综合治理，改善耕地环境质量和灌溉水质量。

六、信息发布与咨询

耕地地力与质量信息发布和咨询，直接关系到耕地地力水平的提高，关系到农业结构调整与农民增收目标的实现。

（一）体系建立

以河津市农业技术部门为依托，在山西省、运城市农业技术部门的支持下，建立耕地地力与质量信息发布咨询服务体系。建立相关数据资料展览室，将全市土壤、土地利用、农田水利、土壤污染、基本农业田保护区等相关信息融入计算机网络之中。充分利用市、乡两级农业信息服务网络，对辖区内的耕地资源进行系统的动态管理。为农业生产和结构调整做好耕地质量动态变化、土壤适宜性、施肥咨询、作物营养诊断等多方位的信息服务。在乡、村建立专门的试验示范生产区，专业技术人员要做好协助指导管理，为农户提供技术、市场、物资供求信息，定期记录监测数据，实现规范化管理。

（二）信息发布与咨询服务

1. 农业信息发布与咨询 重点抓好小麦、蔬菜、水果、中药材等适栽品种供求动态、适栽管理技术、无公害农产品化肥和农药科学施用技术、农田环境质量技术标准的入户宣传，编制通俗易懂的文字、图片发放到每家每户。

2. 开辟空中课堂抓宣传 充分利用覆盖全市的电视传媒信号，定期做好专题资料宣传，并设立信息咨询服务电话热线，及时解答和解决农民提出的各种疑难问题。

3. 组建农业耕地环境质量服务组织 在全市乡、村选拔科技骨干及科技副村长，统一组织耕地地力与质量建设技术培训。组成农业耕地地力与质量管理服务队，建立奖罚机制，鼓励他们谏言献策，提供耕地地力与质量建设方面的信息和技术思路，服务于全市农业发展。

4. 建立完善的执法管理机构 成立由市土地、环保、农业等行政部门组成的综合行政执法决策机构，加强对全市农业环境的执法保护。开展农资市场打假，依法保护利用土地，监控企业污染，净化农业发展环境。同时配合宣传相关法律、法规，让群众家喻户晓，自觉接受社会监督。

第七节　河津市无公害优质小麦耕地适宜性分析报告

河津市小麦生产历年来是全市第一大粮食作物，常年种植面积保持在 24 万亩左右，其中水浇地麦田 20 万亩。近年来随着食品工业的快速发展和人们生活水平的不断提高，对优质小麦的需求呈上升趋势。因此，充分发挥区域优势，搞好优质小麦生产，抵御加入世界贸易组织后对小麦生产的冲击，对提升小麦产业化水平、满足市场需求、提高市场竞争力意义重大。

一、无公害优质小麦生产条件的适宜性分析

河津市属暖温带大陆性季风气候，光热资源丰富，雨热同季集中，年平均降水量472.3毫米，年平均日照时数 2 328.2 小时，年平均气温为 13 ℃，全年无霜期 205 天左右，历年通过10 ℃的积温达 4 342.8 ℃。土壤类型主要为褐土、潮土、风沙土，理化性能较好，为无公害优质小麦生产提供了有利的环境条件。小麦产区耕地面积 25 万亩，无公害优质小麦适宜种植面积 10 万亩。

无公害优质小麦产区耕地地力现状：

1. 汾河一级阶地粮、菜区　该区耕地面积 101 212.25 亩，无公害优质小麦适宜种植面积 50 000 亩。该区有机质含量为 20.62 克/千克，属省二级水平；全氮为 0.89 克/千克，属省四级水平；有效磷 22.37 毫克/千克，属省二级水平；速效钾 205.13 毫克/千克，属省二级水平。

2. 南北垣粮、果、菜区　该区耕地面积 80 534.30 亩，无公害优质小麦适宜种植面积40 000 亩。该区有机质含量 19.08 克/千克，属省三级水平；全氮 0.85 克/千克，属省四级水平；有效磷 19.83 毫克/千克，属省三级水平；速效钾含量 222.10 毫克/千克，属省二级水平。

3. 山前倾斜平原粮、果区　该区耕地面积 68 138.28 亩，无公害优质小麦适宜种植面积 10 000 亩。该区有机质含量 25.68 克/千克，属省一级水平；全氮 0.91 克/千克，属省四级水平；有效磷 17.67 毫克/千克，属省三级水平；速效钾含量 224.53 毫克/千克，属省二级水平。

二、无公害优质小麦生产技术要求

（一）标准的引用

GB 1351　小麦；

GB 3095　环境空气质量标准；

GB 4404.1　粮食作物禾谷类；

GB 4285　农药安全使用标准；

GB 5084　农田灌溉水质标准；

GB 9137—1988　大气污染物最高允许浓度标准；

GB 15618　土壤环境质量标准；

G 15671　主要农作物包衣种子技术条件；

NY/T 496　肥料合理使用准则 通则。

（二）具体要求

1. 土壤条件　优质小麦的生产必须以良好的土、肥、水、热、光等条件为基础。实践证明，耕层土壤养分含量一般应达到下列指标，有机质（12.2±1.48）克/千克，全氮（0.84±0.08）克/千克，有效磷（29.8±14.9）毫克/千克，速效钾（91±25）毫克/千克为宜。

2. 生产条件　优质小麦生产在地力、肥力条件较好的基础上，要较好地处理群体与个体之间的矛盾，改善群体内光照条件，使个体发育健壮，达到穗大、粒重、高产，全生长期220～250天，降水量400～800毫米。

（三）播种及管理

1. 种子处理　要选用分蘖高、成穗率高、株型较紧凑、光合能力强、落黄好、抗倒伏、抗病、抗逆性好的良种。要求纯度达98％、发芽率95％、净度达98％以上。播前选择晴朗天气晒种，要针对性用绿色生物农药进行拌种。

2. 整地施肥　水浇地复种指数较高，前茬作物收获后要及时灭茬，深耕、耙耱。本着以产定肥、按需施肥的原则，产量水平400～500千克的麦田，亩施纯氮13～15千克，纯磷10～12千克，纯钾3～4千克，锌肥1.5～2千克，有机肥3 000～4 000千克；产量水平300～400千克的麦田，亩施纯氮11～13千克，纯磷7～8千克，纯钾5～6千克，锌肥1～1.5千克，有机肥3 000千克。

3. 播种　优质小麦播种以9月25日至10月10日为宜，播种量以每亩8～10千克为宜，播种深度在3～5厘米，确保一播全苗。

4. 管理

（1）出苗后管理：出苗后要及时查苗补种，这是确保全苗的关键。出苗后遇雨，待墒情适宜时，及时精耕划锄，破除板结、通气，保根系生长。

（2）冬前管理：首先要疏密补稀，保证苗全苗均。于4叶前再进行查苗，疏密补稀，补后踏实并在补苗处浇水。深耕断根，浇冬水前，在总蘖数充足或过多的麦田，进行隔行深耕断根，控上促下，促进小麦根系发育。其次是浇冬水，于冬至到小雪期间浇水。墒情适宜时及时划锄。

（3）春季管理：返青期精细划锄，以通气、保墒，提高地温，促根系发育。起身期或拔节期追肥浇水。地力高、施肥足、群体适宜或偏大的麦田，宜在拔节期追肥浇水；地力一般、群体略小的麦田，宜在起身期追肥浇水。追肥量为氮素占50％。浇足孕穗水，浇透、浇足孕穗水有利于减少小花退化，增加穗粒数，保证土壤深层蓄水，供后期吸收利用。

在施肥上要考虑到：氮磷配合能改善籽粒营养品质；增施钾肥能改善植株氮代谢状况；增施磷肥可增加籽粒赖氨酸、蛋氨酸含量，改善加工品质；增施硼、锌等微量元素，可提高蛋白质含量。采用开花成熟期适当控水，能减轻生育后期灌水对小麦籽粒蛋白质和沉降值下降的不利影响，从而达到高产优质的目的。

（4）后期管理：首先，是孕穗期到成熟期浇好灌浆水；其次，是预防病虫害，及时防治叶锈病和蚜虫等。对蚜虫用10％蚜虱净4～7克/亩，对叶锈病用20％粉锈宁1 200倍液或12.5％力克菌4 000倍液喷雾。防治及时可大大提高小麦千粒重。最后，叶面喷肥，在小麦孕穗挑旗期和灌浆初期喷施光合微肥、磷酸二氢钾或FA旱地龙，可提高小麦后期叶片的光合作用，增加千粒重。

（5）病虫害防治：坚持物理防治、生物防治、化学防治相结合原则，加强防治小麦条锈病、白粉病、赤霉病、全蚀病、纹枯病以及黏虫、蚜虫、麦蜘蛛防治，对病虫混合重发区采用杀虫剂与杀菌剂混合使用。

5. 适期收获　在完熟初期用联合机械收获，损失不超过3％，破碎率不超过1％，清洁率大于95％。

三、无公害优质小麦生产目前存在的问题

（一）部分田块土壤有效磷含量偏低

土壤肥力是提高农作物产量的条件，是农业生产持续上升的物质基础。从土壤养分分析结果来看，河津市优质小麦产区有效磷含量与优质小麦生产条件的标准相比部分地块偏低。生产中的主要应对措施是增加磷肥施用量。

（二）土壤养分不协调

从无公害优质小麦对土壤养分的要求来看，小麦产区土壤中全氮含量相对偏低，速效钾的平均含量为中等偏上水平，而有效磷含量则与要求相差甚远。生产中存在的主要问题是氮、磷、钾配比不当，应注重磷、钾肥施用。

（三）微量元素肥料施用量不足

微量元素大部分存在于矿物晶格中，不能被植物吸收利用，而微量元素对农产品品质有着不可替代的作用。生产中存在的主要问题是农户微肥施用量较低，甚至有不施微肥的现象。

四、无公害优质小麦生产的对策

（一）增施有机肥

一是积极组织农户广开肥源、培肥地力，努力达到改善土壤结构、提高纳雨蓄墒的能力。二是大力推广小麦、玉米秸秆覆盖等还田技术。三是狠抓农机具配套，扩大秸秆翻压还田面积。四是加快有机肥工厂化进程，扩大商品有机肥的生产和应用。在施用有机肥的过程中，农家肥必须经过高温发酵，不得施用未经腐熟的厩肥、泥肥、饼肥、人粪尿等。

（二）合理调整肥料用量和比例

首先，要合理调整化肥和有机肥的施用比例，无机氮与有机氮之比不超过1∶1；其次，要合理调整氮、磷、钾施用比例，比例为1∶0.8～1∶0.4。

（三）合理增施磷钾肥

以"适氮、增磷、补钾"为原则，合理增施磷钾肥，保证土壤养分平衡。

(四)科学施微肥

在合理施用氮、磷、钾肥的基础上,要科学施用微肥,以达到优质、高产目的。

第八节　河津市无公害玉米耕地适宜性分析报告

河津市玉米常年种植面积保持在 20 万亩左右。近年来随着养殖业的快速发展,对玉米的需求呈上升趋势。因此,充分发挥区域优势,搞好玉米生产,对提升玉米产业化水平,满足市场需求,提高市场竞争力意义重大。

一、无公害玉米生产条件的适宜性分析

河津市属暖温带大陆性季风气候,光热资源丰富,雨热同季集中,年平均降水量 472.3 毫米,年平均日照时数 2 328.2 小时,年平均气温为 13 ℃,全年无霜期 205 天左右,历年通过 10 ℃的积温达 4 342.8 ℃。土壤类型主要为褐土、潮土、风沙土,理化性能较好,为夏玉米生产提供了有利的环境条件。玉米产区耕地面积 25 万亩,玉米种植面积 10 万亩。

玉米产区耕地地力现状:

1. 汾河一级阶地粮、菜区　该区耕地面积 101 212.25 亩,玉米种植面积 50 000 亩。该区有机质含量为 20.62 克/千克,属省二级水平;全氮为 0.89 克/千克,属省四级水平;有效磷 22.37 毫克/千克,属省二级水平;速效钾 205.13 毫克/千克,属省二级水平。

2. 南北垣粮、果、菜区　该区耕地面积 80 534.30 亩,玉米种植面积 30 000 亩。该区有机质含量 19.08 克/千克,属省三级水平;全氮 0.85 克/千克,属省四级水平;有效磷 19.83 毫克/千克,属省三级水平;速效钾含量 222.10 毫克/千克,属省二级水平。

3. 山前倾斜平原粮、果区　该区耕地面积 68 138.28 亩,玉米种植面积 20 000 亩。该区有机质含量 25.68 克/千克,属省一级水平;全氮 0.91 克/千克,属省四级水平;有效磷 17.67 毫克/千克,属省三级水平;速效钾含量 224.53 毫克/千克,属省二级水平。

二、无公害玉米生产技术规程

1. 生产基地选择　无公害玉米生产基地应远离主要交通干线,周边 2 千米内没有污染源(如工厂、医院等)。产地环境符合农业部发布的无公害农产品基地大气环境质量标准、农田灌溉水质标准及农田土壤标准。基地土壤应具有较高的肥力和良好的土壤结构,具备获得高产的基础。具体的适宜指标为土壤容重在 1.2 克/立方厘米左右,土壤耕作层空隙度在 50% 以上,有机质含量 1% 以上。

2. 无公害栽培技术

(1) 播前准备:

① 品种选择。选择生育期 100 天左右的高产优质多抗玉米品种,如郑单 958、浚单 20、中科 11 等。要求种子质量达到国家标准二级以上,且大小均匀、无霉烂病虫粒。

② 肥料准备。按生产 100 千克籽粒 2.8 千克 N : 1 千克 P_2O_5 : 3 千克 K_2O 的比例准

备肥料，有机肥 15 吨/公顷。

③ 种子处理。播前摊晒 1～2 天，出苗率可提高 13％～28％；种子包衣。

（2）播种：提高播种质量，足墒播种确保一播全苗；小麦收获后及时播种，播种深 3～5 厘米，深浅要一致，确保苗齐苗匀。

（3）苗期管理：

① 查间定苗。出苗后应在 3 叶期以前查苗，在 2～3 片展开叶时间苗；3～4 片展开叶时定苗，留 5％预备苗。去除大小苗、弱病苗，留健苗、壮苗。确保苗齐、苗全、苗壮，提高群体整齐度。根据品种确定适宜的留苗密度。

② 中耕追肥。中耕保墒防旱，促进幼苗健壮，一般中耕 2～3 次。掌握浅耕，促进根系发育。氮、磷、钾的追肥比例分别占各自总肥量的 20％～30％、100％、100％，采用沟施或穴施，施肥深度在 5 厘米左右，有机肥适当深施。

③ 病虫防治。苗期虫害主要是地下害虫和蚜虫、蓟马。用 800～1 000 倍敌杀死于傍晚喷施苗行或用 1 000～1 500 倍乐果乳剂喷杀，防治蓟马和飞虱危害，减少玉米粗缩病危害。用 50％乙草胺 400～600 倍液均匀喷洒行间地表除草。

（4）穗期管理：

① 去弱小株。及早拔除弱株、小株，以提高群体整齐度，增加通风透光，确保群体合理密度。

② 中耕促根。穗期一般中耕 1～2 次，此时应适当深耕，促进根系发育，扩大根系的吸收范围。

③ 追肥灌溉。穗期需肥水较多，是管理重点。一般追肥应占氮肥总肥量的 50％～60％，可分 2～3 次追施。氮素化肥应深施覆土，减少养分损失，提高利用率。结合追施攻穗肥，进行适时灌溉。遇阴雨天气注意排涝。

④ 病虫防治。防治大、小叶斑病，茎腐病，青枯病，玉米螟等为主。用 200 倍双效灵喷雾防病；用 2.5％的辛硫磷颗粒剂撒施心叶。

（5）花粒期管理：

① 追肥灌溉。在雄穗开花前后，追施总肥量 10％～20％的速效氮肥，加强籽粒灌浆强度。在开花至籽粒形成期和乳熟期，应注意因墒制宜适时灌水，促根、保根、保叶、增粒重。

② 病虫防治。花粒期主要是玉米螟、黏虫、棉铃虫、蚜虫等危害，可用 2.5％的敌杀死 1 000 倍液、50％辛硫磷 1 500 倍液防治。

③ 适时收获。依照玉米成熟标准，确定适宜的收获期，增加粒重，减少不必要的损失。以乳线消失和苞叶干枯、松散为成熟标志。收获过早或过晚都影响产量和品质。有条件的地方采用机械收获。

三、无公害玉米生产目前存在的问题

（一）缺少深耕、深翻，耕层普遍较浅

据调查，相当一部分耕地耕作粗放，耕层在 15 厘米左右或者更浅，活土层薄、土壤通透性明显降低，保水保肥能力差，土壤对水肥的调节能力很低，不利于玉米高产。

（二）有机肥不足，盲目施用化肥，肥料利用率低

农家肥等有机肥料减少，造成土壤物理性状的恶化，土壤耕性、保水保肥性能降低，对自然灾害的抵抗力下降。施用化肥时方法不科学，主要是氮、磷、钾比例不合理，影响玉米产量和品质的提高。调查发现，土壤钾素亏损，则磷肥施用效益明显降低。普遍忽视微肥的使用。

四、无公害玉米生产对策

（一）增施有机肥，搞好平衡施肥

在增施有机肥的情况下，适当少施氮肥，增施磷肥、钾肥，大力推广测土配方施肥，提高肥料利用率，降低生产成本。如果适当减少氮肥施用量，相应增施磷肥、钾肥，不仅增产，而且可降低生产成本，提高种植效益。建立专家平衡施肥系统，做到一地一卡一配方。同时开展测土、配方、加工、供应、施肥一条龙的社会化服务，提高技术普及率和到位率。

（二）改善玉米生产条件，建立标准化生产基地

加强农田基础设施建设，加快中低产田改造，培肥地力，增强综合生产能力。推广节水灌溉、秸秆还田等技术，提高单位面积生产能力。改善生产基地的农业生产条件和技术水平，扩大标准化生产和机械化作业面积。

（三）推广优质高产规范化配套栽培技术

1. 选用优种　近年来，影响河津市玉米生长的主要病虫害有玉米矮化叶病、红蜘蛛、蚜虫等。因此，在玉米品种的选择上，必须要选用那些对这3种病虫害有较好抗性的优良品种，如浚单20、郑单958、郑单658、晋单52等。

2. 适时早播　适时早播，可增加有效积温，延长玉米生长期，充分利用肥、水、光、热资源。6月上中旬，上茬小麦机械收获后，抢抓农时，抢茬播种。搞好种子处理，保住墒情，播种深度适宜，增施底肥。

3. 科学管理　加强田间管理，注意合理密植，适时中耕追肥，根据测土配方进行平衡施肥，加强病虫害的综合防治。

4. 适期收获　根据品种特性，抢时早播，早促早管，适时收获。

第九节　河津市无公害芦笋耕地适宜性分析报告

一、无公害芦笋生产条件的适应性分析

河津市芦笋面积主要分布于黄河河漫滩。土壤类型为风沙土和潮土。风沙土系近代黄河淤积而成，地形平坦，地下水位1.5～5米，土质沙而松散。受暖温带半干旱大陆性季风气候的影响，春季温暖干旱、夏季高温多雨，土壤矿物质的分解与合成旺盛。秋季气温下降，冬季寒冷干燥。pH一般在8.09～8.77，年平均气温在13～14℃，高于全市平均值，降水量低于全市平均值。

芦笋土壤的养分状况直接影响芦笋的品质和产量，从而对笋农收入造成一定的影响。对全市芦笋 150 个土壤采样点的土壤养分进行了分析（由于芦笋耕作管理，具有其自身的特殊性，在采样时尽量避开施肥区域）。从分析结果可知，全市芦笋土壤总体养分含量偏低，土壤有机质含量属三级水平，全氮含量属五级水平，有效磷和速效钾含量分别属三级水平和四级水平。

通过对和平农场、苍头、永安、连伯等地的土壤养分进行检测，从养分测定结果看，河津市芦笋土壤有机质平均含量为 13.76 克/千克，属省三级水平；全氮平均含量为 0.52 克/千克，属省五级水平；有效磷为 17.95 毫克/千克，属省三级水平；速效钾平均含量为 129.99 毫克/千克，属省四级水平。微量元素中，除有效锌为 1.47 毫克/千克，属省三级水平外，其他有效铜、有效铁、有效锰、有效硼含量分别为 0.76 毫克/千克、5.02 毫克/千克、7.25 毫克/千克、0.93 毫克/千克，均属省四级水平，含量偏低。河津市芦笋土壤 pH 平均为 8.49。

二、无公害芦笋生产技术规程

1. 标准的引用

GB 4285　农药安全使用标准

GB/T 8321　（所有部分）农药合力使用准则

GB 16715.2—5　蔬菜种子

NY 5010　无公害食品　蔬菜产地环境条件

2. 产地环境　应达到中华人民共和国农业行业标准 NY 5010 中规定的大气、水质、土壤质量标准。

3. 育苗

（1）前茬非葱、韭、蒜等百合科作物。

（2）品种选择：可选择达马斯、阿波罗、阿特拉斯、改良帝王、格兰帝等杂交一代新优品种。

（3）种子处理：

① 将种子放在清水中，捞出水面上的瘪种和虫蛀种。用 40～50 ℃温水浸泡，搓洗种子表面，打破蜡层。

② 消毒。用 50％多菌灵加水 2.5 千克，浸泡种子 1 千克，浸泡 24 小时即可。

③ 催芽。种子充分吸水后，捞出放入容器，盖上湿布，放在 25 ℃左右的地方，每天用清水清洗 1 次，经 3～5 天即可露白。

（4）播种：

① 播种时间。从 4 月上旬至 6 月中旬均可播种。

② 播量。芦笋种子一般千粒重 20 克左右，每千克种子约 4.4 万粒。亩播量 0.8～1 千克。一般一亩苗可供 20 亩大田生产白笋。

③ 播种方法。A. 露地育苗，在育苗地里开 3～4 厘米深的小沟，行距 30 厘米、粒距 5 厘米、覆土 2 厘米。有条件的可在播种行内撒些麦壳、细炉灰或细沙以利出苗。B. 营

养钵育苗，营养土配置按5：3：2比例进行，即5份腐熟的圈肥、3份炉渣、2份没有种过芦笋的田园土，然后搅匀过筛，并充分堆沤装钵即可，一般每亩大田需营养钵1 500～2 000个。播种时先将装好营养土的营养钵放入育苗畦中，浇透水，每钵播1粒种子，覆土2厘米。有条件的可撒些麦壳以利出苗。

（5）出苗期及出苗后的管理：

① 播种—出苗。应经常保持湿润，干燥时可在早晚洒水或喷水，或以小水渗灌。

② 出苗后管理。中耕除草，防止草荒；遇旱浇跑马水，不能大水漫灌。苗高10厘米时，在行间开5～10厘米深小沟，亩追施10千克尿素或复合肥，施后浇水。

③ 壮苗标准。当芦笋幼茎高30厘米以上时，植株地上部有5～7个地上茎，粗度0.2厘米，叶色深绿，有10～15条储藏根时，即可移栽定植。

4. 定植

（1）前茬非葱、韭、蒜等百合科作物。

（2）定植时期：春季为3月中、下旬；夏季8月中、下旬；秋季10月中、下旬。

（3）定植方法：

① 开挖定植沟。按白笋行距1.8～2米、绿笋行距1.5米进行画线开沟，沟深40厘米，宽50厘米。先将一侧表土回填沟内，施入优质粪肥再将剩余的表土回填，同时亩施20千克复合肥。

② 定植密度。白芦笋行距1.8～2米，株距30厘米，每亩1 200株；绿芦笋行距1.5米，株距30厘米，每亩1 500株。

③ 定植深度为15厘米。

（4）定植后当年管理：春季定植的约在6月中旬开始追肥，在距植株20～30厘米处开一条10厘米深的施肥沟，在沟内每亩施10千克复合肥，施后覆土浇水。

5. 田间管理

（1）休眠期：每年12月上旬至2月下旬。

① 清园。病虫害严重发生的笋田封冻前要彻底清园，将枯茎残叶全部清扫干净烧毁。其他笋田可在2月下旬清园。

② 结合清园亩施3 000～5 000千克农家肥，并浇好封冻水。

（2）萌动期：每年3月上旬至3月下旬。

① 土壤消毒。细菌喷洒杀菌剂，病害严重的在笋株上浇灌药液。

② 起垄培土。进入3月中旬在株行上起25～30厘米高的垄，宽度以笋龄大小而定，上宽30～45厘米，下宽40～80厘米。

③ 追催芽肥。培土后，亩施N、P、K含量各为15％的三元复合肥35千克，再加10千克尿素，或按N、P、K为2：1：1的配比施肥并浇水。

（3）采笋期：每年4月上旬至6月20日。

① 采收时期。起采年采期20～30天，随笋龄增大，每年延长10～20天。

② 水肥管理。用传统采法4月下旬、5月下旬补追适量催芽肥，遇旱隔行轻浇。

③ 停采撤垄后。及时清除残茎，在笋盘上喷洒杀菌剂，亩施农家肥3 000～5 000千克，并按N、P、K为5：4：4配比追施N、P、K含量各15％的三元复合肥50千克，尿

素 5 千克，适时浇水或排水。

（4）生长发育期：每年 8 月上旬至 9 月下旬。

① 重施秋发肥。8 月上、中旬亩施磷酸二铵 20 千克，硫酸钾 20 千克或 N、P、K 为 1∶2∶2 配比施肥。

② 合理疏株。长势过密的笋田，应拔除过密、病残茎枝，每穴留 10～15 个健壮茎。

③ 科学浇水。进入 9 月，浇水要慎重，切忌大水漫灌，防止旺长。

（5）养分积累期：每年 10 月上旬至 11 月下旬。

① 叶面追肥补肥。用尿素 0.2％、磷酸二氢钾 0.3％、氨基酸叶面肥 0.3％溶液喷洒叶面 2～3 次，促进养分积累转化。

② 浇水。气候干旱时，应浇跑马水，延长茎株功能，利于养分积累。

6. 病虫害防治

（1）主要病虫害：

① 病害。茎枯病、褐斑病、根腐病、立枯病、锈病、枯梢病。其中危害严重的是茎枯病和根腐病。

② 虫害。蝼蛄、蛴螬、地老虎、木蠹蛾、十四点负泥虫、蚜虫等，其中危害严重的是蛴螬、木蠹蛾、十四点负泥虫。

（2）防治原则：按照"预防为主，综合防治"的植保方针，坚持以"农业防治、物理防治、生物防治为主，化学防治为辅"的无害化治理原则。

（3）农业防治：

① 选用抗病虫品种。针对当地主要病虫控制对象，选用抗病的品种。

② 创造适宜的生育环境。培育适龄壮苗，提高抗逆性。增施钾肥，控制田间湿度，防止狂长，提高植株抗病能力。防止田间积水，清洁田园，合理采笋方法，做到有利于植株生长发育、避免侵染性病害发生。

③ 科学施肥。测土平衡施肥，增施充分腐熟的有机肥，少施化肥，防止土壤富营养化。

（4）物理防治：运用黄板诱杀蚜虫，糖醋毒饵或频振式杀虫灯诱杀金龟子、木蠹蛾等成虫。

（5）生物防治：积极保护天敌，采用病毒、残虫等防治害虫及植物源农药如苦参碱、苦楝素等和生物源农药如蛴螨素、农用链霉素、苏云金杆菌等生物农药防治病虫害。

（6）主要病虫害化学防治：

① 茎枯病。50％多菌灵 500～600 倍液，或 70％甲基托布津 700 倍液，或 75％百菌清 600 倍液进行土壤消毒或田间喷洒。40％百可得 900 倍或 40％芦笋清 200 倍液加白乳胶黏合剂进行涂茎。

② 根腐病。用 50％多菌灵 500～600 倍液，或 70％甲基托布津 500～800 倍液灌根，或 30％根腐灵 2 000 倍液灌根。

③ 木蠹蛾。在人工灭蛹拾茧、灯光及糖醋诱杀的基础上，于 5 月上旬开始，可用辛硫磷、敌百虫、马拉硫磷等药剂，配成 500 倍液，去掉喷雾器的喷片，对笋株茎基部喷淋，7～10 天 1 次，连续喷淋 3～4 次。

④ 斜纹夜蛾。可选用苏云金杆菌（BT）、核多角体病毒、抑太保（昆虫蜕皮抑制剂）等 800～1 000 倍液喷雾防治。

⑤ 十四点负泥虫。90％敌百虫 1 500 倍液，50％辛硫磷 1 500 倍液或生物农药进行防治。

⑥ 农药。生产上不允许使用的农药有杀虫脒、氰化物、磷化铅、六六六、DDT、甲胺磷、甲拌磷、对硫磷、甲基对硫磷、磷胺、异丙磷、氧化乐果、克百威、水胺硫磷、久效磷、甲基异柳磷、灭多威、有机汞制剂、砷制剂、西力生、赛力散等和其他高毒、高残留农药。

⑦ 农药使用安全间隔期。见表 7-3。

表 7-3　芦笋农药使用安全间隔期

项目	安全间隔期（天）	项目	安全间隔期（天）
敌敌畏	6	功夫菊酯	7
乐果	9	可杀得	3
敌百虫	7	百菌清	7
辛硫磷	5	溴氰菊酯	2
氯氰菊酯	3	杀毒矾	3
抗蚜威	11	—	—

7. 分装、运输　执行 DB 14/86—2001 和 DB 14/87—2001 标准。

三、主要存在问题

1. 品种混杂　由于芦笋种植时，部分田块种植的不是 F_1 代品种，产量低、品质差、抗性差。

2. 不重视有机肥的施用　芦笋种植田块多为沙地，土壤有机质含量低，个别笋农没有充分认识到增施有机肥的重要性，有机肥施用量不足。

3. 化肥施用配比不当　笋农不注意氮磷钾的配合，偏施氮肥，磷钾肥施用量较少。

4. 微量元素肥料施用量不足。

5. 灌溉及耕作管理缺乏科学合理性。

四、发展对策

1. 选用优种　推广达马斯、阿波罗、阿特拉斯、改良帝王、格兰帝等杂交一代新优品种，淘汰落后品种。

2. 增施有机肥，尤其是优质有机肥。

3. 合理调整化肥施用比例和用量，增加测土配方施肥面积。

4. 科学的灌溉和耕作管理措施。

5. 严格按照《无公害芦笋生产技术规程》生产无公害芦笋。

第十节 河津市耕地质量状况与核桃等干鲜果标准化生产的对策研究

核桃是集生态效益与经济效益于一体的经济树种。属落叶乔木，树体高大，根系发达，寿命长。3~4 年开始结果，6 年进入盛果期，结果年限 200 年以上，俗称"百株核桃 15 年，胜过百亩好粮田"。近年来，山西省省政府把发展核桃产业作为农民增收的有效手段之一，极大地促进了核桃面积的增长。

一、核桃主产区耕地质量现状

1. 下化核桃干鲜果区 该区位于河津市的北部，包括吕梁山区的下化乡全部地区，耕地面积 22 161.88 亩。大部分属吕梁山前沿的一个狭长地带，境内山岭纵横、高低悬殊，海拔一般在 550~1 000 米。温差较大，年平均气温 10 ℃左右，比平川区低 2~3 ℃，日照短、蒸发量小。山峦起伏，植被稀疏，沟多梁长，阴阳分明，因受地貌制约，有相当一部分阴坡面积，土地瘠薄、支离破碎、耕作不便、水源奇缺、地广人稀、居住分散、风力较大、矿产丰富、交通不便。土质多为石灰性褐土和褐土性土。该区耕地有机质含量为 15.32 克/千克，全氮为 0.62 克/千克，有效磷 10.23 毫克/千克，速效钾 148.72 毫克/千克。

2. 南垣核桃干鲜果区 该区包括南垣小梁乡的大部分行政村，耕地面积 45 084.07 亩。海拔一般在 470~550 米，水源较充足，开发历史悠久，农业耕作精细，园田化程度较高。该区降水量一般在 460 毫米左右，年平均气温在 12~13 ℃，光热资源充足。区内耕地有机质含量为 16.65 克/千克，全氮为 0.74 克/千克，有效磷 16.68 毫克/千克，速效钾 213.08 毫克/千克。

二、河津市核桃无公害生产技术要点

(一)高标准建园

1. 建园要求 栽植模式分为纯核桃园和林粮间作核桃园两种。根据不同的立地条件，栽植品种和栽植方式不同。对于栽植在耕地田埂，开始以种作物为主、实行果粮间作的核桃园，栽植密度不宜硬性规定，一般行距为 5 米×7 米、5 米×8 米，株距要求 5~6 米。山地栽植以梯田面宽为准，一般一个台面一行或两行。

2. 品种 河津市核桃树种主要选择：中林系列、香玲、辽核 1 号等。

3. 栽植

① 挖坑。按要求划定植株行距定点，秋栽应在夏季挖穴，春栽则应在前一年冬天挖穴。植穴的直径和深度不小于 80~100 厘米，如果土壤黏重或出现石砾，要加大植穴，掺入客土草皮改良土壤。定植穴挖好后，将土、有机肥、化肥混合回填至距地面 30 厘米，灌水踏实。每穴施腐熟农家肥 20~50 千克，磷肥 2~3 千克。

② 做好假植、根系修剪和定植。苗拉回后先要湿土假植，栽植前一天用清水混合生根粉浸泡 8～12 小时，使根充分吸水刺激细胞生长。在栽植前逐个修根，主根用剪刀剪齐，全部露出白茬。在回填好的坑中央挖一个 40 厘米见方的小坑，将树苗栽入中央，埋土深度低于树苗原根茎土层，踩实并修好树盘。

③ 浇水覆盖。栽好树苗后第一遍水要浇透，不能有干土在坑内，以使地下和地表水连接，水浇好后用 80～100 厘米的地膜呈锅底状将树盘覆盖好。在干旱缺水的区域要再盖上一层土，保证水分有效利用，减少浇水次数。

4. 定干　定植后立即进行幼树整形，截断主干以促进幼苗主干生长。短截部位以下截口下专留 4～5 个芽为宜，一般在地面上 60～80 厘米为宜，截口用调合漆封口，等新芽长至 20 厘米后，选择最强壮的萌芽培养中心主干。

第一年的整形培养一个 1～1.2 米高的中心主干。为促进主干生长，侧枝长至2.5～3.0厘米时进行摘心，主干长到 1.2 米以上时也将顶打掉（生长缓慢时不需要打掉），秋季白露或寒露时在 1～1.2 米处留整形带，打掉多余萌生芽。

（二）核桃园土、肥、水管理

1. 土壤管理　土壤管理是核桃园管理的主要措施，主要有深翻、保持水土、果园清耕、果园生草、树下覆盖、果粮和果草间作、穴贮肥水等措施。

① 深翻改土。核桃园改良土壤的主要技术措施之一，适宜土壤条件较差的地区。深翻最适宜的时间是在果实采收以后至落叶前，深翻分为扩穴深翻和全园深翻两种，深度应在 60～80 厘米范围内。深翻要注意表、底土换位，少伤根。

② 保持水土。应根据具体情况，园内修建水土保持工程，修田埂、鱼鳞坑等。另外在沟边、地埂、路弯、坡顶，合理的种植灌木，以湿养水源、保持水土。

③ 果园清耕。中耕一般每年 3～5 次，深度以 6～10 厘米为宜。

④ 果园生草。选择适宜的种类，如三叶草、紫花苜蓿、扁豆黄芪、绿豆等豆科植物。以改善土壤结构，增加地力，改良土壤，并能改善小气候，增加果园天敌数量，促进果园生态平衡。另外果园生草有利于提高坚果品质，山地和坡地有利于水土保持，还可果牧结合，提高耕地产出率。

⑤ 树下覆盖。树下覆盖包括覆盖草和覆盖地膜两种。

⑥ 间作。幼龄园可间作小麦、豆类、中药材、薯类、花生、绿肥、草莓等矮秆作物，忌种瓜菜和高秆作物。果期可在树下培养食用菌，提高果园效益。

⑦ 穴储肥水。穴储肥水是果树栽培的一项新技术。适宜土层较薄、无灌溉条件、干旱缺水地区的核桃园。地膜覆盖穴储肥水的最佳时间为每年春季果树发芽前，即在 3 月下旬至 4 月上旬进行。具体技术如下：将作物秸秆或杂草等捆成直径 20～40 厘米、长 35～45 厘米的草把，放在水中（也可在水中加入约 10% 的粪、尿或沼气液等）浸泡一昼夜，浸透待用。储肥穴的位置应在根系的集中分布区，一般在树冠投影边缘向内 50～70 厘米处，挖深 40～50 厘米、直径比草把稍大（一般 25～45 厘米）的储肥穴。储肥穴的数量要按照树冠的大小来确定，一般以 4～8 个为宜。将浸透水的草把立于穴中央，草把周围施入 100～150 克过磷酸钙。然后用混加有机肥的土壤填实（每穴 5 千克土杂肥或复合肥），施入 50～100 克尿素并适量浇水。水渗入后再覆土 1 厘米，然后整理树盘，使储肥穴低于

地面 1～2 厘米，形成盘子状，以利于聚集水分。每穴再浇水 3～5 千克。

2. 施肥 根据果园土壤养分现状，结合核桃生产对养分的需求来制订各类养分的需求量，具体按下列公式计算。

$$施肥量＝\frac{果树吸收元素总量－土壤供肥量}{肥料利率率}$$

一般每生产 1 吨核桃干果需从土壤中吸收氮 14.65 千克、磷 1.87 千克、钾 4.7 千克、钙 1.55 千克、镁 0.93 千克、锰 31 克。

（1）实验推荐果树对肥料的利用率：氮 50％、磷 30％、钾 40％、绿肥 40％、圈堆肥 20％～30％。

（2）土壤供肥量：氮素为全氮的 1/3，磷、钾均为有效量的 1/2。

（3）施肥量：结果前 1～5 年，每平方米冠幅面积施肥量为氮肥 50 克，磷、钾肥各 10 克；进入结果期 6～10 年，可提高到氮肥 50 克，磷、钾肥各 20 克，并施有机肥 5 千克。早实核桃一般 1～10 年树，施氮肥 50 克、磷肥 20 克，钾肥 20 克，有机肥 5 千克。

施肥方法有环状沟法、放射状法、条沟法、穴施法、叶面喷施等。

3. 灌溉 根据灌溉条件，核桃园的灌溉分为萌芽期、花芽分化前、采收后 3 个阶段。无灌溉条件的地方应该注意冬季积雪保水，或利用鱼鳞坑、蓄水池拦蓄雨水。

4. 整形修剪 一般应在白露至秋分时整形修剪，除病虫、枯死枝。

5. 核桃病虫害防治 防治原则：预防为主，从生物与环境的角度出发，本着预防为主的指导思想和安全、经济、开放、简易的原则，充分利用自然界抑制病虫害的各种因素，创造不利于病虫危害发生的环境和各种因素。根据病虫危害发生发展规律，因地制宜，合理利用物理、生物、化学防治措施，综合防治，经济、安全、有效的控制病虫危害，达到高产、优质、高效的目的。

（三）核桃的采收

1. 采收期 核桃采收期因成熟期不同而异，早熟品种与晚熟品种相差 10～25 天。河津市核桃成熟一般在 9 月上中旬或下旬。在同地区，平川比山区早、阳坡比阴坡早，干旱年份较多雨年份早。

2. 采收方法 采收方法有人工和机械两种。

3. 脱青皮清洗

（1）脱皮：脱青皮有 3 种方法，一是堆沤脱皮法，二是药剂脱皮法，三是核桃青皮剥离机脱皮法。

（2）坚果漂洗：脱青皮后的坚果应及时清洗，清除坚果表面的残存烂皮、泥土及其他污染物。用清水清洗时，将洗涤的坚果放入筐中（放 1/2），放在流水或清水池中用扫帚搅洗 5 分钟，洗 3～5 次。洗完后要及时晾晒。缝合线不够紧密的或露仁的，只能用清水洗。脱皮与清洗要连续进行，间隔不能超过 3 小时。

4. 干燥方法 干燥方法有日照和烘烤两种。日照法应先将洗净的坚果摊放在竹箔或高粱秆上晾半天左右，待大部分水分蒸发后再摊放在芦席或竹箔上晾晒。晾晒时不能超过两层，要经常翻边，以坚果水分含量低于 8％为宜。烘干处理，可采取烘干机械或火炕烘干两种方式。厚度不宜超过 15 厘米，温度控制在 35～40 ℃，快干时要降低温度至 30 ℃，并要不断翻动，以达到成品要求。

5. 分级与包装 在国际市场上，核桃商品坚果的价格与坚果大小有关。坚果越大、价格越高。根据外贸出口的要求，以坚果直径为主要指标，通过筛孔为三等。30 毫米以上为一等，28～30 毫米为二等，26～28 毫米为三等。美国现在推出大号和特大号商品核桃，我国开始组织出口 32 毫米核桃商品。出口的核桃坚果除以果实大小作为分级的主要指标外，还要求坚果壳面光滑、洁白、干燥（核仁水分不超过 4%），杂质、霉烂果、虫蛀果、破裂果总计不允许超过 10%。

核桃坚果一般采用麻袋或纸箱包装。出口商品坚果根据客商要求，每袋重量为 20～25 千克，包口用针缝严并在袋左上角标注批号。

6. 核桃储藏 核桃适宜的储藏温度为 1～3 ℃，相对湿度 75%～80%。一般的储藏温度也应低于 5 ℃。一般长期储藏的核桃含水量不得超过 7%。储藏方法因储量和所储时间不同而异。

（1）室内储藏法：即将晾干的核桃装入布袋或麻袋中，放在干燥、通风的室内储藏。为了避免潮湿，最好下垫石块并严防鼠害。此法只能作短期存放，过夏易发生霉烂、虫害和酸败变味。

（2）低温储藏：长期储存核桃应有低温条件。如储量不多，可将坚果封入聚乙烯袋中，储存在 0～5 ℃的冰箱中，可保持品质 2 年以上。大量储存可用麻袋包装，储存在 0～1 ℃的低温冷库中，效果较好。

（3）薄膜帐储藏：在无冷库条件的地方，可采用塑料薄膜帐密封储藏核桃。具体做法是：选用 0.2～0.23 毫米厚的聚乙烯膜做成帐，其大小和形状可根据存储量和仓储条件设置。秋季将晾干的核桃入帐，在北方因冬季气温低、雨水少、空气干燥，不需立即密封，待翌年 2 月下旬气温逐渐回升时再封帐。应选择低温、干燥的天气密封，使帐内空气湿度不高于 50%～60%，以防密封后霉变。南方秋末冬初气温高，空气湿度大，核桃入帐时必经加吸湿剂后密封，以降低帐内湿度。当春末夏初气温升高时，在密封的帐内亦不安全，这时可配合充二氧化碳或充氮法降低含氧量（2%以下），以抑制呼吸，减少损耗，防止霉烂、酸败及虫害。二氧化碳达到 50%以上或充氮 1%左右，效果均很理想。

核桃储藏过程中常有鼠害和虫害发生，必须经常检查，及时采取防治措施。用溴甲烷（40～56 克/立方米）熏蒸库房 3.5～10 小时，或用二硫化碳（40.5 克/立方米）密封 18～24 小时，均有显著的除虫效果。

三、核桃标准化生产的对策研究

1. 采用优良的核桃品种 配合不同地形地力等级区域的土壤肥力是基础，也是核桃生产发展的基本保证，河津市不同区域及肥力状况均适宜优质核桃生产。

河津市山地，山前倾斜平原，垣地和沿河一级、二级阶地各种地类齐全，海拔 367.5～1 345 米，年平均气温 10～15 ℃，无霜期 205 天，≥10 ℃有效积温 4 242.8 ℃以上，日照时数 2 328.2 小时，土壤质地壤土偏多。pH 为 8.4 左右，全市多数区域有灌溉条件，完全符合核桃生产要求。

2. 建园要控大坑，栽浅树　提前挖坑，标准必须是 80～100 厘米见方。表土与有机肥、化肥和杀虫剂混合后回填，灌水踏实，亩施有机肥 500～1 000 千克，磷肥 40～60 千克，并进行逐年深翻扩穴，直至株行间全部翻通。

3. 实施果园生草技术　对大面积的坡耕地和梯田，除一部分实行果粮间作、果经间作外，要大力采用果园生草技术，发展大面积的豆类、草类覆盖果园行间。以改善土壤结构，提高土地肥力，改良土壤，创造防止水土流失的有利条件，同时改善小气候，促进果树害虫天敌的繁殖。

4. 合理施肥　促进核桃良性生产，要根据耕地土壤肥力调查结果及核桃生产对肥力的需求量，制订合乎核桃生产的有机质、氮、磷、钾、微肥使用标准。制订适宜的施肥时间（包括叶面喷肥），促进核桃树的生长发育、开花结果，并且严格控制污染，生产合格的核桃产品。

5. 管护是保证　要根据不同时期果树的要求进行中耕、补浇水，防治病虫危害。严格按标准化生产要求施用农药，并结合生物防治、综合管理，保证果品质量。

图书在版编目（CIP）数据

河津市耕地地力评价与利用 / 杨轩主编 . —北京：
中国农业出版社，2020.7
ISBN 978-7-109-26777-0

Ⅰ.①河… Ⅱ.①杨… Ⅲ.①耕作土壤-土壤肥力-
土壤调查-河津②耕作土壤-土壤评价-河津 Ⅳ.
①S159.225.4②S158.2

中国版本图书馆 CIP 数据核字（2020）第 061312 号

中国农业出版社出版

地址：北京市朝阳区麦子店街 18 号楼
邮编：100125
责任编辑：杨桂华 廖 宁
版式设计：王 晨 责任校对：吴丽婷
印刷：中农印务有限公司
版次：2020 年 7 月第 1 版
印次：2020 年 7 月北京第 1 次印刷
发行：新华书店北京发行所
开本：787mm×1092mm 1/16
印张：9.5 插页：1
字数：220 千字
定价：80.00 元